FORSCHUNGSBERICHTE
DES WIRTSCHAFTS- UND VERKEHRSMINISTERIUMS
NORDRHEIN-WESTFALEN

Herausgegeben von Staatssekretär Prof. Leo Brandt

Nr. 76

Max-Planck-Institut für Arbeitsphysiologie, Dortmund

Arbeitstechnische und arbeitsphysiologische Rationalisierung
von Mauersteinen

Als Manuskript gedruckt

SPRINGER FACHMEDIEN WIESBADEN GMBH

1954

ISBN 978-3-663-12841-0   ISBN 978-3-663-14507-3 (eBook)
DOI 10.1007/978-3-663-14507-3

Forschungsberichte des Wirtschafts- und Verkehrsministeriums Nordrhein Westfalen

G l i e d e r u n g

1. Die bisherige Entwicklung . . . . S. 5
2. Zweck der Versuche . . . . S. 7
3. Versuchsanordnung . . . . S. 8
4. Die Ergebnisse . . . . S. 13
5. Auswertung der Ergebnisse . . . . S. 14
6. Zusammenfassung der Ergebnisse und Schluß-
   folgerungen . . . . S. 38
7. Verzeichnis der Tabellen und Abbildungen . . . . . S. 40
8. Literaturverzeichnis . . . . S. 41

Forschungsberichte des Wirtschafts- und Verkehrsministeriums Nordrhein Westfalen

1. Die bisherige Entwicklung

Seit Jahrtausenden sind gebrannte Ziegel ein in vielen Ländern bevorzugt verwendeter Baustein. Form und Abmessungen der Ziegelsteine wurden zunächst von der im Vergleich zu heute noch unentwickelten Brenntechnik und den Eigenarten der jeweils gefundenen Tonsorte bestimmt. Man brannte meist rechteckige Vollziegel von 20-30 cm Länge, 9-15 cm Breite und 4-9 cm Höhe. Für andere Arten künstlicher Steine (z.B. Kalksandsteine) wurde diese Form des Ziegels übernommen. Steinverbände, Wanddicken und Verarbeitungsmethoden glichen sich den als gegeben angesehenen Steinformen und Steingrößen an. Das überkommene handwerkliche Arbeitsverfahren nach der Regel "Ein Stein - ein Mörtel" gilt für "Einhandsteine" auch heute noch als die klassische Mauermethode. Der Maurer handhabt den Stein nur mit der linken Hand, während die rechte Hand zum Vermörteln der Fugen gleichzeitig die Kelle führt.

Der erste bedeutungsvolle Schritt zur Rationalisierung der Mauertechnik wurde in Deutschland im Jahre 1871 getan, als der Reichsformat-Stein eingeführt wurde. Man einigte sich für das Reichsgebiet auf das aus dem preußischen Zollmaß abgeleitete Steinformat 250 x 120 x 65 mm [1], aus dem sich wiederum allgemein gültige Regeln für die Steinverbände, Wanddicken u.a. ergaben. Wenn auch heute kaum noch zu belegen, so haben bei dieser ersten Bau-Norm neben den fertigungstechnischen Belangen sicherlich auch die vorliegenden praktischen Erfahrungen bei der Verarbeitung kleinerer oder größerer Steinformate wesentlich mitgesprochen. Das Ergebnis der ersten arbeitsphysiologischen Studien über das Mauern mit Einhand-Vollsteinen, die BAADER und LEHMANN 1927 (1) [2] durchführten, bestätigten durch exakte Messungen die 1871 allein aufgrund praktischer Erfahrungen getroffene Entscheidung. Der Vollziegel im Reichsformat erwies sich grösseren und kleineren Vollstein-Formaten aufgrund seines physiologisch idealen Gewichts von 3,5-4,0 kg überlegen.

Die ersten Bemühungen um eine Bessergestaltung des überkommenen Arbeitsverfahrens beim Mauern mit Einhand-Vollsteinen gehen auf GILBRETH (2)

---

1. 250 mm Steinlänge + 12 mm Mörtelfuge = 262 mm = 10 preußisch Zoll
2. Die in Klammer gesetzten Zahlen verweisen auf das Literaturverzeichnis

zurück. Seine und andere ähnliche Vorschläge zur Reihenverarbeitung von Einhand-Steinen wurden ab 1910 in vielen Ländern - u.a. auch Deutschland - aufgegriffen. In Rußland, Osteuropa und Mitteldeutschland sind sie in letzter Zeit konsequent zur Gruppenarbeit weiterentwickelt worden und z.B. als "Stachanow-Methode" bis heute von Bedeutung. Von der westeuropäischen Baupraxis dagegen wurden diese Arbeitsmethoden trotz höherer Maurerleistung nur zögernd aufgenommen, da ein Güteabfall des Mauerwerks befürchtet wurde. Schließlich wurden diese Bestrebungen, die Mauerarbeit vom Arbeitsverfahren her zu rationalisieren, überholt durch die in Deutschland etwa 1920 einsetzende Entwicklung zum größeren <u>Steinformat,</u> das ebenfalls einhändig oder auch zweihändig verarbeitet wird.

Das Aufkommen großformatiger Mauersteine hatte vielfältige und nebeneinander wirkende Ursachen. Neben den gebrannten Ziegel und den ihm nachgebildeten dampf-gehärteten Kalksandstein traten weitere künstliche Steinarten, vor allem die Betonsteine. Die wesentlich anderen Fertigungsverfahren der Betonstein-Industrie ließen möglichst große Steinformate wünschenswert erscheinen. Man erkannte, daß leichte porige Bausteine oder Hohl- und Lochsteine schon bei wesentlich geringeren Wanddicken nicht nur ausreichenden Wärmeschutz, sondern in den meisten Fällen auch angemessene Festigkeiten gewährleisteten. Auch für die Verarbeitung wünschte man sich wegen der geringeren Rohwichte der Steine zwangsläufig größere Steinformate als bisher üblich und zwar selbst dann, wenn an ihrer einhändigen Verarbeitung festgehalten werden sollte. Die Baupraxis nahm die vergrößerten Einhandsteine und vor allem auch die Zweihandsteine willig auf. Sie erkannte, daß das Mauerwerk und die Maurerarbeit durch technisch, arbeitstechnisch und arbeitsphysiologisch verbesserte Steinarten und -formate zunächst wirkungsvoller rationalisiert werden konnte als durch die Änderung der Verarbeitungsmethoden für die überkommenen kleinen Steinformate.

In ungehemmter Entwicklung wurde eine Vielzahl großformatiger Steinarten und Steinformen nebeneinander auf den Baustoffmarkt gebracht, so daß die Baupraxis schließlich kaum noch in der Lage war, Gutes von Mittelmäßigem und Schlechtem zu unterscheiden. Insbesondere war man unsicher in der Beurteilung der arbeitstechnischen und arbeitsphysiologischen Eigenheiten der Steine bei ihrer Verarbeitung auf der Baustelle. Erste Maßstäbe für die arbeitstechnische Eignung verschiedener Steinarten wurden ab 1940 vor allem vom Franz-Seldte-Institut der Deutschen Akademie für Bauforschung erarbeitet (3). Ab 1948 setzte das Institut für Bauforschung e.V. Hannover diese Arbeiten planmäßig fort (4). 1951/52 wurden neue deutsche Normen für Bausteine aller Art (5) verabschiedet. Über abschließende arbeitstechnische Versuche, die mit physiologischen Messungen durch das Max-Planck-Institut für Arbeitsphysiologie, Dortmund, gekoppelt waren, soll im weiteren berichtet werden.

2. Zweck der Versuche

a) Durch ein Vergleichsmauern war festzustellen, welche arbeitstäglichen Dauerleistungen dem Maurer mit den typischen der neu genormten Mauersteine zugemutet werden können. Dabei waren die Einhandsteine in der von der europäischen Baupraxis bevorzugten Arbeitsmethode "Ein Stein - ein Mörtel" zu vermauern. Die Zweihandsteine dagegen sollten nach der Methode der Reihenverlegung verarbeitet werden, von der man sich bei Zweihandsteinen aufgrund von Vorversuchen nicht nur eine Leistungssteigerung, sondern - im Gegensatz zu den Einhandsteinen - auch eine bessere Güte des Mauerwerks verspricht. Güte- und Leistungssteigerung waren durch die Versuche endgültig nachzuweisen.

b) Eine wesentliche Aufgabe des Vergleichsmauerns war es, die für die verschiedenen Formate der Leichtbeton-Hohlblocksteine arbeitsgünstigen Gewichte zu ermitteln.

c) Die Versuche sollten Klarheit schaffen über die Wirkung verschiedenartiger Griffhilfen an Einhand- und Zweihandsteinen auf die Maurerleistung.

d) Das Vergleichsmauern war bei allen Steinarten mit arbeitsphysiologischen Messungen zu koppeln, um die körperliche Beanspruchung der Maurer bei andauernder Arbeit mit großformatigen Steinen nachzuweisen im Vergleich zu der Beanspruchung, die beim Mauern mit den bisher üblichen kleinformatigen Vollsteinen eintritt. Insbesondere war festzustellen, ob bei der Verarbeitung großformatiger Steine eine körperliche Überbelastung der Maurer zu befürchten ist.

e) Schließlich schien es bedeutungsvoll, die physiologischen Messungen auszunutzen zu einer Überprüfung der Zweckmäßigkeit der Arbeitshöhen, die sich aus der üblichen Baurüstung für das Mauern ergeben.

3. Versuchsanordnung

a) Nachweis der mittleren Tagesleistung und Arbeitsanalysen. Es war zunächst Aufgabe des Vergleichsmauerns, die mittlere Maurerleistung bei Dauerarbeit mit 16 verschiedenen Steinarten festzustellen und zu vergleichen [3]. Die in die Versuchsreihe einbezogenen Steinarten und ihre technischen Eigenarten sind in Tabelle 1 zusammengestellt (Steinmasse, Ergänzungssteine, Wanddicken, Steinvolumen, Gewichte und Rohwichten bei der Verarbeitung). Die äußere Gestalt aller Steine entspricht jeweils den neuen oder beabsichtigten Normen. Die Rohwichten und Stückgewichte der verschiedenen Hohlblocksteine aus Leichtbeton (Zeile 6-13) waren abweichend von den Normen so variiert, daß die arbeits-günstigsten Gewichte in dem untersuchten Bereich erwartet werden konnten. Die beiden Hochlochziegel 2 1/4 NF (Zeilen 3 und 4) unterschieden sich nur nach Gewicht und Form der Griffhilfen (Griffloch bzw. Griffschlitz), um die zweckmäßigste Griffhilfe nachweisen zu können. Der nur 2o cm breite Gasbeton-Vollblock (Zeile 14) wurde einbezogen, um den Einfluß der von 24 cm auf 2o cm verringerten Wanddicke auf die Maurerleistung festzustellen [4]. Der niedrigere und höhere Kalksandstein-Hohlblock (Zeile 15-16) sollte den Einfluß der Steinhöhe auf die Arbeitsleistung klären und im Vergleich zu den Leichtbeton-Hohlblocksteinen gleichen Formats auch die Wirkung der Grifftaschen als Griffhilfen erweisen.

Das Vergleichsmauern wurde im Frühjahr 1952 ohne Unterbrechung über 2 1/2 Monate fortgeführt. An den 6 Arbeitstagen der Woche arbeiteten 3 Maurer jeweils 8 1/2 Stunden. Die Tagesarbeit wurde regelmäßig durch eine Frühstückspause von 2o Minuten und eine Mittagspause von 3o Minuten unterbrochen.

Um den wechselnden Einfluß der Witterung auf die Maurerleistung auszuschalten, wurde in einer offenen, gut beleuchteten und windgeschützten Halle gearbeitet.

---

[3]. Im Auftrage der interessierten Industrie wurden noch 2 weitere Steinarten untersucht, die hier jedoch von untergeordnetem Interesse sind.

[4]. Die deutschen Baunormen fordern für Umfassungswände eine Dicke von mindestens 24 cm. Für die Wanddicke von nur 2o cm ist eine besondere baubehördliche Zulassung vorgeschrieben.

Tabelle 1

Stein Nr.	Steinart		Format - mm Länge/Br/Hö. n NF	Steine im Sonderverband behauen oder Ergänzungssteine	Dicke des Vers.Mauerwerks cm
		a	b	c	d
1		Vollziegel	240/115/71	behauen	36,5
2	Einhand-Steine	Hochlochziegel	240/115/113 1 ½ NF	behauen	
3		Hochlochziegel mit Griffloch	240/170/113 2 ¼ NF	Hochlochziegel 1 ½ NF gem. Zeile 2	
4		Hochlochziegel mit Griffschlitz	240/170/113 2 ¼ NF		
5		Hochlochziegel mit beiderseitiger Nut			
6				3/2 Steine	
7			240/240/238 6 NF	1/1 und 3/2 Anschl. Steine	24,0
8					
9	Zweihand-Steine	Hohlblocksteine aus Leichtbeton		4/6 Steine	
10			365/240/238 9 NF	1/1 und 4/6 Anschl. Steine	
11					
12			490/240/238 12 NF	4/8 Steine	
13				1/1 und 4/8 Anschl.Steine	
14	Zweihand-Steine	Gasbeton-Vollblock	490/200/238	behauen und 1/1 u. 4/8 A.St.	20,0
15		Kalksandstein-Hohlblöcke mit Grifftasche	370/240/175 7 NF	4/6 Steine	24,0
16			370/240/238 9 NF	1/1 und 4/6 Anschl.Steine	

Forschungsberichte des Wirtschafts- und Verkehrsministeriums Nordrhein Westfalen

Tabelle 1
Fortsetzung

Stein Nr.	Volumen des Steines cm^3	mittl. Verarb.-Gewicht - kg		mittl. Rohwichte b.d. Verarbeitung - kg/m^3			Gewicht je m^2 Wand kg
		unbehauene Steine	alle Steine	Beton	Steine	Mauerwerk	
e		f	g	h	i	k	l
1	1959	3,86	3,81		1971	2024	739
2	3119	4,26	4,20		1367	1499	360
3	4746	5,06	4,87		1066	1265	304
4		6,20	5,82		1307	1416	340
5		14,16	11,55		1033	1188	285
6	13709	14,88	15,33	1419	1086	1187	285
7		13,11	13,62	1250	957	1072	257
8		10,81	11,23	1031	789	922	221
9		24,46	23,38	1537	1173	1243	298
10	20849	21,78	20,95	1369	1045	1141	274
11		17,31	16,74	1088	830	942	227
12	27989	30,20	28,67	1378	1079	1142	274
13		23,83	23,05	1088	851	950	228
14	23324	20,91	19,96	919	897	996	199
15	15750	16,76	16,33		1064	1175	282
16	21134	23,34	22,55		1104	1181	283

Forschungsberichte des Wirtschafts- und Verkehrsministeriums Nordrhein Westfalen

Die Maurer waren aus einem großen Bauunternehmen ausgewählt, waren verschieden alt, körperlich normal, wenn auch unterschiedlich veranlagt und galten als durchschnittlich leistungsfähig. Jeder Maurer verarbeitete 3 Tage hintereinander die gleiche Steinart im Stundenlohn. Unter vollkommen gleichen äußeren Voraussetzungen, die den Verhältnissen einer gut organisierten Baustelle soweit als möglich angeglichen waren, errichtete jeder Maurer täglich ein Stück Mauerwerk konstanter Höhe, dessen Länge sich jedoch durch die jeweils erreichte effektive Tagesleistung selbst bestimmte. Das Verhältnis von Flucht-, Öffnungs- und Pfeilermauerwerk in diesem Wandstück entsprach der mittleren Wandgliederung im Wohnungsbau und blieb unabhängig von der Länge des Wandstücks ebenfalls etwa gleich. Die Dicke des Mauerwerks richtete sich jeweils nach den für Umfassungswände vorgeschriebenen Wärmeschutz.

Die an einem Tag erreichte effektive Leistung wurde abschnittsweise aufgemessen. Der Arbeitsablauf wurde mit der Kienzle-Arbeitsschauuhr den ganzen Tag über in halbstündigen Abschnitten, lückenlos aufgenommen. Mit der Genauigkeit von Min/1oo wurden die Einzelzeiten der Haupt- und Nebenarbeiten [5] und Arbeitspausen erfaßt. Aus diesen Aufzeichnungen ergaben sich die mittleren Leistungen und Arbeitsanalysen jedes Maurers und aller 3 Maurer. Sie dienten zugleich in Verbindung mit den in Kurzversuchen gewonnenen Energie-Umsatzwerten zur Bestimmung des täglichen Gesamt-Energieumsatzes.

Der erste Arbeitstag blieb dabei zur Ausschaltung des Einarbeitungsaufwandes unberücksichtigt. (Es sei darauf hingewiesen, daß hier nur die reine Maurerarbeit untersucht wurde. Die Bauhelferarbeiten - Steintransport, Rüsten u.a. - wurden in die Untersuchungen nicht einbezogen.)

b) Die physiologischen Messungen. Zur Kontrolle ihrer Eignung als Versuchspersonen wurden die Maurer vor und nach den Versuchen ärztlich untersucht. Neben der Feststellung von Größe, Gewicht, Blutdruck,

---

5. Hauptarbeiten: Aufnehmen und Versetzen der Steine - Vermörteln der Lagerfugen - Vermörteln der Stoßfugen;
Nebenarbeiten: Vorarbeiten (z.B. Nachweichen des Mörtels) - Messen und Richten - Behauen von Steinen - Abstreichen überflüssigen Mörtels

Grundumsatz und Ruhepuls wurde der Leistungs-Puls-Index (LPI) auf dem Fahrrad-Ergometer (6) bestimmt. Der LPI gibt die Zunahme der Pulsfrequenz bei einer bestimmten Ergometerarbeit an. Die Leistungsfähigkeit eines Menschen ist umso größer, je geringer die Pulsfrequenz während dieses Testes ansteigt.

In Tabelle 2 sind die persönlichen Daten der Versuchsmaurer zusammengestellt.

T a b e l l e 2

Persönliche Daten der Versuchsmaurer

Maurer	Alter Jahre	Größe cm	Gewicht - kg vor d. Vers.	Gewicht - kg nach d. Vers.	Blutdruck mm Hg	Grundumsatz kcal/min	Ruhepuls je min	LPI
A	53	168	63,0	63,0	140/90	1,059	73	2,82
B	25	168	71,0	69,5	135/65	1,115	60	3,52
C	46	162	59,5	59,5	165/105	0,962	84	4,82

Aus diesen Daten folgt, daß dem Maurer A die größte Leistung zugetraut werden konnte, da er den niedrigsten LPI hat. Diese Erwartung wurde durch das Ergebnis des Vergleichsmauerns bestätigt. Während das Körpergewicht der Maurer A und C vor und nach den Versuchen gleich war, nahm der Maurer B innerhalb von 2 1/2 Monaten 1,5 kg ab. In Anbetracht seiner relativ geringen Leistungen während der Versuche und seiner guten körperlichen Konstitution kann nicht angenommen werden, daß der Gewichtsverlust allein auf die Beanspruchung durch das Vergleichsmauern zurückzuführen ist. Für den Maurer C wurde mit 165/105 mm Hg erhöhter Blutdruck festgestellt. Auch sein LPI war relativ hoch, so daß er von den physiologischen Messungen ausgeschlossen wurde.

Zur Bestimmung der Kreislaufbelastung wurde die Pulsfrequenz der Maurer A und B während der ganzen Versuchsdauer mit dem tragbaren photoelektrischen Pulszähler nach E.A. MÜLLER fortlaufend von 10 zu 10 Minuten gemessen. Da die Pulsfrequenzen den Arbeitstag über jeweils ein etwa konstantes Niveau einhielten, sind die aus 6 Versuchstagen für 2 Maurer errechneten Tagesmittelwerte der Arbeit-Ruhe-Differenz der Pulsschläge für die Beurteilung jeder Steinart ausreichend.

Die energetische Beanspruchung der Maurer (der Umsatz an Arbeitskalorien) wurde im Gegensatz zu den laufenden Pulsfrequenz-Messungen an besonderen Versuchstagen gemessen und zwar an jedem 1o. Versuchstag für jeweils 3 Steinarten. Die Messungen erfolgten mit der tragbaren Respirations-Gasuhr des Max-Planck-Instituts (7). Den jeweils etwa 1o Minuten dauernden Einzelversuchen wurden die bei dem vorangegangenen ganztägigen Vergleichsmauern festgestellten mittleren Tagesleistungen und Arbeitsanalysen zugrundegelegt, d.h. die Maurer verrichteten in dem Kurzversuch auf Kommando und mit der Stoppuhr kontrolliert nach Zahl der verarbeiteten Steine, Gewicht der verarbeiteten Baustoffe und nach dem zeitlichen Ablauf genau die gleichen Haupt- und Nebenarbeiten wie bei normaler Dauerarbeit. Jeder Versuch wurde mit den Maurern A und B in 5 gleichmäßig gestaffelten Arbeitshöhen wiederholt. Der mithin in je 5 Versuchen an 2 Maurern gemessene Energieumsatz wurde gemittelt und kann für den Vergleich der energetischen Beanspruchung beim Vermauern der verschiedenen Steinarten unter Baustellenverhältnissen als ausreichend beweiskräftig angesehen werden. Der Kalorienverbrauch während der Arbeitspausen, die innerhalb der Kurzversuche unberücksichtigt blieben, wurde dem für Haupt- und Nebenarbeiten gemessenen Kalorienverbrauch zugeschlagen.

4. Die Ergebnisse

Die Ergebnisse der Versuche sind in Tabelle 3a, 3b und 3c zusammengestellt. In den Stäben a-c der Tabelle 3a sind die untersuchten Steine entsprechend Tabelle 1 nach Art und Format gekennzeichnet. Stab d enthält das mittlere Steingewicht, Stab e die Wanddicke. Die Stäbe f-h der Tabelle 3b geben die für alle Versuchsmaurer gemittelten arbeitstäglichen Leistungen an

nach der Zahl der vermauerten Steine (Stab f),
nach dem Gesamtgewicht dieser Steine zuzüglich des benötigten Fugenmörtels (Stab g) und
nach der in m^2 Mauerwerk gemessenen effektiven Leistung (Stab h).

Die Stäbe i-l der Tabelle 3b enthalten die Arbeitsanalysen, d.h. die mittleren Anteile der Hauptarbeiten, Nebenarbeiten und gelöhnten Arbeitspausen bei der ganztägigen Arbeit (8 1/2 Stunden = 51o Minuten). Es sei darauf hingewiesen, daß die Frühstücks- und Mittagspausen von zusammen 5o

Minuten nicht zur gelöhnten Arbeitszeit rechnen und weder in den Arbeitsanalysen noch in den Messungen des Energieumsatzes berücksichtigt wurden.

Die Ergebnisse der Messungen des Energieumsatzes und ihre rechnerischen Ergänzungen sind in den Stäben m-p der Tabelle 3c angegeben. Stab m nennt den Aufwand an kcal/min für die Haupt- und Nebenarbeiten, der entsprechend dem mittleren Arbeitsablauf beim ganztägigen Vergleichsmauern aus dem Energieumsatz in Kurzversuchen errechnet wurde. Unter Zuschlag des für die Arbeitspausen anzunehmenden Aufwandes von o,67 kcal/min (Stab l, Tabelle 3b), ergaben sich in Stab n die für die gesamte Arbeitszeit von 8 1/2 Stunden erforderlichen Kalorien und in Stab o der kcal/min-Wert einschließlich der Arbeitspausen. Stab p gibt an, wieviel kcal im Mittel je m^2 Mauerwerk der betreffenden Steinart aufzuwenden waren.

In den Stäben q und r sind die für 2 Maurer gemittelten Ergebnisse der ununterbrochen beim ganztägigen Vergleichsmauern durchgeführten Messungen der Pulsfrequenz genannt, und zwar die Arbeitspulse je Minute (Stab q) und je m^2 Mauerwerk (Stab r).

Im Stab s der Tabelle 3c ist abschließend das Verhältnis "Arbeitspulse je kcal" (Stab r/p) errechnet. Eine Arbeitsleistung wird physiologisch um so vorteilhafter vollbracht, je kleiner diese Verhältniszahl ist.

5. Auswertung der Ergebnisse

a) Leistung und körperliche Beanspruchung der Maurer in Abhängigkeit von Steinformat und Steingewicht. Zur besseren Übersicht soll sich die Auswertung der Ergebnisse zunächst vornehmlich auf die für den derzeitigen Stand der Entwicklung charakteristischen und in der Praxis eingeführten Steinarten erstrecken. Diese sind in Abbildung 1 graphisch zusammengefaßt. Soweit erforderlich, wird im Folgenden daneben auf die Angaben der Tabellen 3 verwiesen.

Die Verwendung relativ leichter aber ausreichend fester Mauersteine ermöglicht es, die wärmetechnisch erforderliche Dicke der Umfassungswände von bisher mind. 36,5 cm auf 24,0 cm herabzusetzen und wesentlich an Baumaterialien zu sparen. Auch für die belasteten oder Schallschutzanforderungen erfüllenden Innenwände kann diese Dicke ausreichen.

Tabelle 3a

Stein Nr.	Steinart	Normal-Format (NF)	Maße in mm	mittl. [6] Stein Gew. kg %	Wand-dicke [7] cm
	a	b	c	d	e
1	Vollziegel	NF	240/115/71	3,81 (100)	36,5
2	Hochlochziegel	1 1/2 NF	240/115/113	4,20 (110)	24,0
3	Hochlochziegel mit Griffloch	2 1/4 NF	240/175/113	4,87 (128)	24,0
4	Hochlochziegel mit Griffschlitz	2 1/4 NF	240/175/113	5,82 (153)	24,0
5	Hochlochziegel mit beiderseitiger Nut	6 NF	240/240/238	11,55 (303)	24,0
6	Hohlblockstein Bet.-Rohw. 1419 kg/m^3	6 NF	240/240/238	15,33 (402)	24,0
7	Hohlblockstein Bet.-Rohw. 1250 kg/m^3	6 NF	240/240/238	13,62 (357)	24,0
8	Hohlblockstein Bet.-Rohw. 1031 kg/m^3	6 NF	240/240/238	11,23 (295)	24,0
9	Hohlblockstein Bet.-Rohw. 1537 kg/m^3	9 NF	365/240/238	23,38 (614)	24,0
10	Hohlblockstein Bet.-Rohw. 1369 kg/m^3	9 NF	365/240/238	20,95 (550)	24,0
11	Hohlblockstein Bet.-Rohw. 1088 kg/m^3	9 NF	365/240/238	16,74 (439)	24,0
12	Hohlblockstein Bet.-Rohw. 1378 kg/m^3	12 NF	490/240/238	28,67 (752)	24,0
13	Hohlblockstein Bet.-Rohw. 1088 kg/m^3	12 NF	490/240/238	23,05 (605)	24,0
14	Gasbeton-Vollblock Bet.-Rohw. 919 kg/m^3		490/200/238	19,96 (524)	20,0 [8]
15	Kalksandstein-Hohlblock mit Grifftaschen		370/240/175	16,33 (429)	24,0 [8]
16	Kalksandstein-Hohlblock mit Grifftaschen	9 NF	370/240/238	22,55 (592)	24,0 [8]

6. Bei der Verarbeitung, einschl. behauene Steine und Ergänzungssteine
7. gem. DIN 4108, Beiblatt - Wärmeschutz im Hochbau
8. Kann besonders zugelassen werden

Forschungsberichte des Wirtschafts- und Verkehrsministeriums Nordrhein Westfalen

Tabelle 3 b

Stein Nr.	tägliche Arbeitsleistung			Arbeitsanalyse		
	verarbeitete Steine Stück	verarbeitetes Gewicht kg (%) 9	Mauerwerk m² (%)	% der tägl. Arbeitszeit von 510 min		
				Hauptarbeit	Nebenarbeit	Arbeitspausen
	f	g	h	i	k	l
1	873	4270 (100)	5,8 (100)	53,8	33,2	13,0
2	745	4090 (96)	11,4 (197)	52,0	31,0	17,0
3	593	3990 (93)	13,1 (227)	45,0	35,2	19,8
4	651	4880 (113)	14,2 (246)	50,9	28,5	20,6
5	417	5990 (140)	21,0 (363)	50,1	30,2	19,7
6	389	7110 (167)	25,0 (433)	50,4	28,5	21,1
7	401	6620 (155)	25,7 (445)	47,1	28,5	24,4
8	416	5920 (139)	26,7 (462)	49,2	28,7	22,1
9	271	7320 (171)	24,5 (425)	47,9	28,0	24,1
10	283	7030 (165)	25,7 (444)	45,8	27,3	26,9
11	331	6800 (159)	30,0 (519)	47,6	29,5	22,9
12	198	6460 (151)	23,6 (408)	37,3	28,8	33,9
13	266	7230 (169)	31,8 (550)	44,8	32,3	22,9
14	284	6740 (158)	33,8 (585)	47,3	32,0	20,7
15	324	6270 (147)	22,2 (385)	45,5	34,4	20,1
16	294	7550 (177)	26,7 (461)	53,0	26,7	20,3

9. Steine + Fugenmörtel

Forschungsberichte des Wirtschafts- und Verkehrsministeriums Nordrhein Westfalen

Tabelle 3 c

Stein Nr.	Haupt- u.Neben- arbeiten je min	Energieumsatz - kcal einschl. Arbeitspausen je Tag = 510 min		je m² Mauerwerk (%)	Kreislaufbelastung Arbeitspulse je min (%)	je m² Mauerwerk (%)	Verhältnis Arbeitspulse/kcal
			% je min				
	m	n	o	p	q	r	s
1	3,039	1393 (100)	2,73	242 (100)	27,5 (100)	2429 (100)	10,0
2	2,794	1240 (89)	2,43	109 (45)	23,1 (89)	1034 (43)	9,5
3	2,735	1187 (85)	2,33	90 (37)	14,7 (53)	572 (24)	6,4
4	2,868	1232 (88)	2,42	87 (36)	11,2 (41)	402 (17)	4,6
5	2,580	1124 (81)	2,20	54 (22)	14,4 (52)	349 (14)	6,5
6	2,672	1147 (87)	2,25	46 (19)	16,4 (60)	335 (14)	7,3
7	2,228	938 (67)	1,84	36 (15)	20,2 (73)	339 (16)	9,4
8	2,452	1049 (75)	2,06	39 (16)	18,9 (69)	361 (15)	9,3
9	2,499	1052 (76)	2,06	43 (18)	16,8 (61)	350 (14)	8,1
10	2,850	1154 (83)	2,26	45 (19)	17,0 (62)	354 (15)	7,5
11	2,850	1198 (86)	2,35	40 (17)	15,0 (55)	256 (11)	6,3
12	2,320	898 (64)	1,76	38 (16)	19,0 (69)	410 (17)	10,8
13	2,754	1161 (83)	2,28	37 (15)	20,7 (75)	332 (14)	9,1
14	2,780	1197 (84)	2,35	35 (14)	19,9 (77)	297 (12)	8,5
15	2,818	1217 (87)	2,39	55 (23)	18,3 (66)	420 (17)	7,6
16	2,486	1080 (78)	2,12	43 (18)	12,0 (43)	229 (9)	5,7

Forschungsberichte des Wirtschafts- und Verkehrsministeriums Nordrhein Westfalen

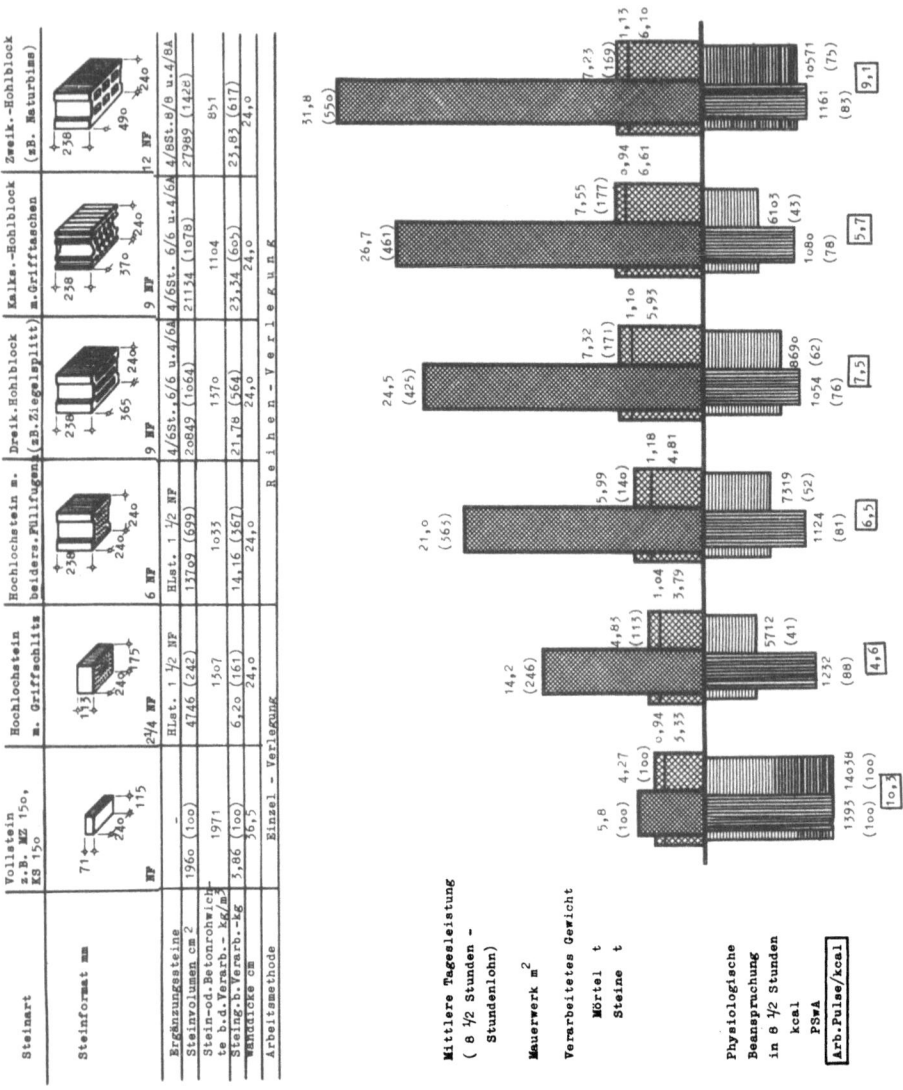

Abbildung 1

Aufgrund der verbesserten oder andersartigen Fertigungsverfahren können aus Ton, Leichtbeton und anderen Materialien großformatige Mauersteine hergestellt werden, deren Stückgewicht trotz eines gegenüber dem kleinen Normalformat bis zum 14-fach vergrößerten Volumens nur bis auf das 6-fache steigt. Bereits der Hochlochstein im 2 1/4-fachen Normalformat mit Griffschlitz verringert die Zahl der je Leistungseinheit erforderlichen Steine und Arbeitsgänge wesentlich. Darüber hinaus führt die Methode der Reihenverarbeitung bei den Zweihandformaten neben dem noch mehr vergrößerten Steinvolumen zu weiterer Zusammenfassung der Arbeitsgänge. Im Zusammenwirken dieser bauphysikalischen, fertigungstechnischen, bautechnischen, arbeitstechnischen und arbeitsphysiologischen Komponenten steigt die dem Maurer zumutbare effektive Tagesleistung gegenüber der mit dem kleinen Normalformat erreichbaren bis auf ein Vielfaches. Schon mit dem vorteilhaftesten Einhandstein, dem Stein mit Griffschlitz im 2 1/4-fachen Normalformat, stieg die Versuchsleistung bis auf das 2 1/2-fache. Beim arbeitsgünstigsten Leichtbeton-Hohlblockstein vom 14-fachen Normalformat erreichten die Versuchsmaurer eine 5 1/2-fache effektive Leistung. Während die Zahl der täglich verarbeiteten Steine mit größer werdendem Steinvolumen fällt, kann das täglich vom Maurer bewältigte Gesamtgewicht bei Zweihandsteinen fast auf das Doppelte steigen.

Die Arbeitsanalysen (Tabelle 3b, Stab i-1) blieben für die meisten der untersuchten Steinarten nahezu konstant bei dem Verhältnis

Hauptarbeiten : Nebenarbeiten : Arbeitspausen = 5 : 3 : 2

Auffällige Abweichungen von dieser Regel zeigten die kleineren der untersuchten Steinformate, bei deren Verarbeitung die Maurer weniger Pausen einlegen als bei den größeren Steinen. Mit wachsendem Steinformat und Steingewicht nimmt die Summe des Zeitaufwandes für die Arbeitspausen und die körperlich wenig anstrengenden Nebenarbeiten allgemein etwas zu. Die größere effektive Leistung wird also trotz oder aufgrund eines insgesamt geruhsameren Arbeits-Rhythmusses erreicht.

Für die Beurteilung des Kalorienumsatzes und der Kreislaufbelastung der Maurer während der Arbeit ist es zunächst von Bedeutung, daß die mit dem Vollstein im Normalformat bei den Versuchen festgestellte mittlere Maurerleistung allgemein auch unter Baustellenverhältnissen erreicht wird. Der Maurer der Praxis empfindet die mit dieser Leistung verbundenen körperlichen Belastungen nicht als zu hoch, vermag seine Leistung im Durchschnitt aber auch nicht mehr wesentlich zu steigern. Diese Erfahrung wird durch das Ergebnis der physiologischen Messungen bei den Versuchen bestätigt. Zwar kennzeichnet ein Energieumsatz von rund 1400 kcal je Arbeitstag das Vermauern von Vollsteinen im Normalformat kalorisch nur als mittelschwere Arbeit. Jedoch liegt die mit der mittleren Tagesleistung von 5,8 m^2 36,5 cm-Mauerwerk (= 873 Steine) verbundene Belastung des Kreislaufs zweifellos nur wenig unterhalb der Dauerleistungsgrenze (Arbeits-Ruhedifferenz des Pulses = rund 28 Pulse je Minute; siehe Tabelle 3c, Stab q). Bei der physiologischen Bessergestaltung der Maurerarbeit kommt es also vor allem darauf an, die für das Arbeiten mit kleineren Formaten charakteristische hohe Kreislaufbelastung zu mindern, d.h. das Verhältnis der Arbeitspulse je kcal zu senken.

Als generelles und wichtigstes Ergebnis der physiologischen Messungen ist festzustellen, daß der Aufwand sowohl an Arbeitskalorien als auch an Arbeitspulsen je Zeit- und Leistungseinheit bei allen untersuchten großformatigen Einhand- und Zweihandsteinen geringer war als bei den Steinen im Normalformat (siehe auch Tabelle 3c, Stab q und r). Trotz der bis auf über das 5-fache gesteigerten effektiven Leistung und des fast verdoppelten Gewichtes der dabei verarbeiteten Baustoffe ist der kleinste Kalorienumsatz je Arbeitstag bis zu 25 %, die Zahl der Arbeitspulse sogar bis zu rund 50 % niedriger. Je Leistungseinheit (m^2 Mauerwerk) sinkt der Kalorienumsatz bis auf $1/7$, die Zahl der Arbeitspulse bis auf $1/11$. Entsprechend verbessert sich das Verhältnis der Arbeitspulse je kcal bei allen großformatigen Steinarten mit Ausnahme des offensichtlich zu schweren Hohlblocksteines gem. Tabelle 3c, Stein 12. Dieser wird in der Baupraxis jedoch nicht verwendet und war lediglich zur Erfüllung des Versuchszweckes erforderlich. Am auffälligsten ist der bis auf 4-6 Arbeitspulse je kcal herabgesetzte Wert beim Hochlochstein mit Griffschlitz und beim Hohlblockstein mit Grifftasche (siehe auch Tabelle 3c, Stein 4 und 16). Griffhilfen am Stein können die Kreislaufbelastung der Maurer durch günstigere Voraussetzungen für die Haltearbeiten also wesentlich herabsetzen, so daß in Abschnitt d) noch näher darauf eingegangen wird.

Insgesamt sind mit diesen Ergebnissen nicht nur die arbeitstechnischen Vorteile großformatiger Mauersteine erneut bestätigt, sondern erstmalig auch ihre arbeitsphysiologischen Vorzüge zahlenmäßig eindeutig belegt.

Sie beruhen auf

> der geringen Zahl von Steinen, Handgriffen und Bewegungen je Leistungs- und Zeiteinheit,
> dem günstigeren Verhältnis vom Körpergewicht des Maurers zum Gewicht des Steines,
> der Möglichkeit zur Anwendung zweckmäßiger Arbeitsmethoden,
> dem geruhsameren Arbeits-Rhythmus mit vermehrt eingestreuten Arbeitspausen und
> auf einer Minderung der Haltearbeit.

Damit führt die Rationalisierung der Mauertechnik durch großformatige Steine nicht nur zu verbesserter Wirtschaftlichkeit des Wandbaues, sondern kommt gleichzeitig auch den arbeitenden Menschen unmittelbar zugute.

b) Arbeitstechnisch und arbeitsphysiologisch optimale Leichtbeton-Hohlblocksteine. Nachdem die physiologischen Messungen erwiesen haben, daß im Bereich der untersuchten Steinarten auf keinen Fall eine körperliche Überbeanspruchung der Maurer zu befürchten ist, die Maurer im Vergleich zu der seit jeher üblichen Verarbeitung von Steinen im Normalformat sogar in jedem Fall entlastet werden, können die optimalen Formate und Gewichte von Leichtbeton-Hohlblocksteinen in erster Linie nach der mit ihnen erreichten effektiven Maurerleistung bestimmt werden. Da die Breite und Höhe der Hohlblocksteine mit 24 cm aus fertigungstechnischen, bautechnischen und arbeitstechnischen Gründen, die hier im einzelnen nicht erläutert werden sollen, als nicht mehr verbesserungsfähig und gegeben anzusehen sind, kann das Format der Steine nur noch nach der Länge variiert werden. Und auch dabei sind die durch die Maßordnung im Hochbau (8) gegebenen Maßsprünge von jeweils 12,5 cm zu berücksichtigen.

Die Länge von Hohlblocksteinen ist bei gleichen Breiten-, Höhen- und Innenmaßen und bei gleicher Beton-Rohwichte eine Funktion des Steingewichtes. Abbildung 2 bringt daher die beim Vergleichsmauern mit den

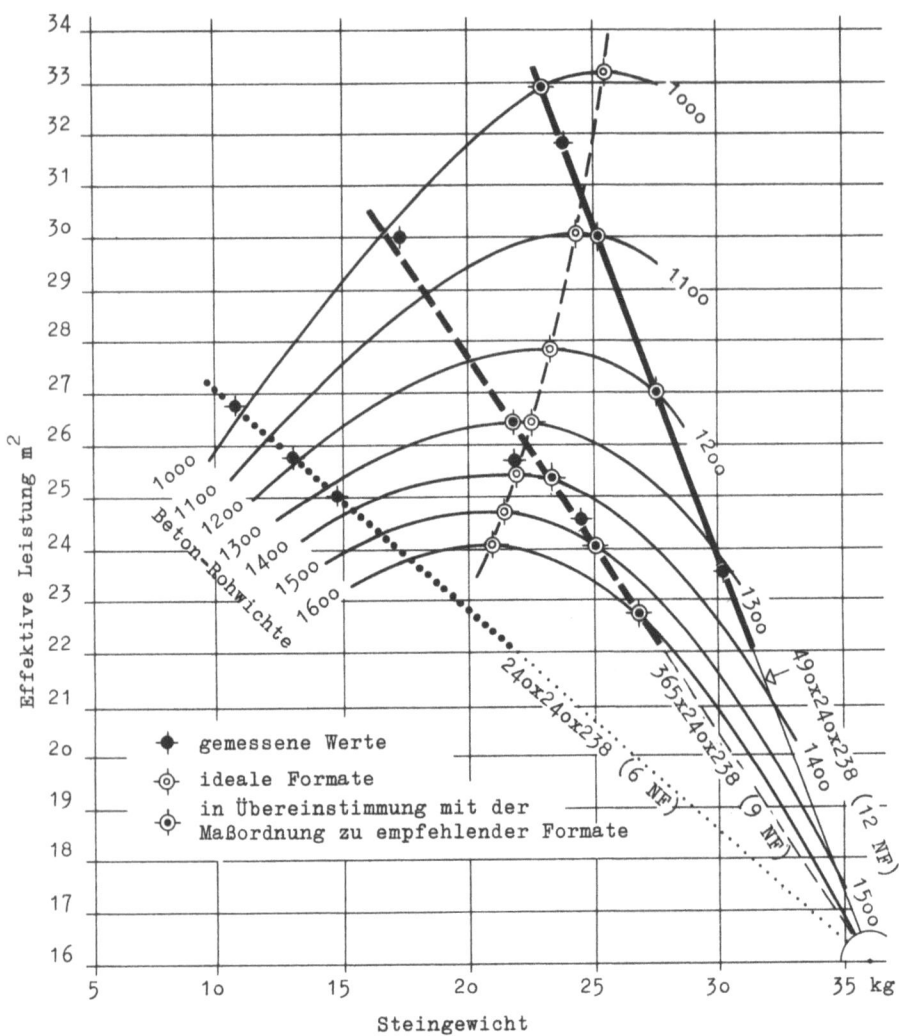

Abbildung 2

3 genormten Formaten für Hohlblocksteine erreichten mittleren effektiven Tagesleistungen graphisch in Beziehung zum Steingewicht und zu verschiedenen Betonrohwichten. Die Leistungswerte für Steine gleichen Formats und verschiedenen Gewichts ergeben Leistungskurven, die mit zunehmendem Steingewicht gradlinig, aber jeweils verschieden steil abfallen. Bei den größeren Hohlblocksteinen wirken sich die Gewichtsunterschiede stärker auf die Maurerleistung aus als bei den kleineren Formaten. Es ist nur theoretisch bemerkenswert, daß sich alle 3 "Leistungsgraden" etwa in einem Punkt treffen, der einem Steingewicht von 36 kg und einer Tagesleistung von 16 m^2 Mauerwerk entspricht. Das Bündel der "Leistungsgraden" ist durch Kurven überlagert, die alle möglichen Leistungen mit den untersuchten Steinformaten bei gleichen Beton-Rohwichten von 1000, 1100 usw. bis 1600 kg/m^3 verbinden. Längs dieser Kurven nimmt die Länge der Steine entsprechend dem größer werdenden Steingewicht zu. Bis zum Scheitelpunkt der Kurven steigt die Maurerleistung mit zunehmender Steinlänge an, weil die arbeitstechnischen Vorteile des längeren Steinformats die Nachteile des höheren Steingewichts überwiegen. Nehmen dann Steingewicht und Steinlänge noch weiter zu, sinkt die effektive Maurerleistung rasch ab, weil nun die arbeitstechnischen Vorteile großer Steine von den arbeitsphysiologischen Nachteilen des zu hohen Steingewichts übetroffen werden. Die nach Gewicht und Länge idealen Leichtbeton-Hohlblocksteine der verschiedenen Beton-Rohwichten sind durch die Scheitelpunkte der Kurven also eindeutig bestimmt. Diese Scheitelpunkte liegen in der graphischen Darstellung nicht senkrecht übereinander, sondern verschieben sich mit geringer werdender Beton-Rohwichte in Richtung des zunehmenden Steingewichts. Das nach Maßgabe der effektiven Maurerleistung ideale Gewicht von Leichtbeton-Hohlblocksteinen ist also für die verschiedenen Formate nicht gleich, sondern steigt mit fallender Beton-Rohwichte und grösserer Steinlänge. Es liegt in dem Bereich von 21,0 kg bei einer Beton-Rohwichte von 1600 kg/m^3 bis 25,5 kg bei einer Beton-Rohwichte von 1000 kg/m^3. Diese Feststellung läßt sich damit erklären, daß der Anteil der körperlich anstrengenden Hauptarbeiten an der gesamten Arbeitszeit mit zunehmender Steinlänge geringer wird (siehe Tabelle 3b, i-l), der Maurer sich während der vermehrten Arbeitspausen und körperlich wenig anstrengenden Nebenarbeiten besser erholt und so die Kraft hat, seine Leistung mit zunehmendem Steingewicht noch länger zu steigern als bei kleineren Steinen.

Die den idealen Formaten hinsichtlich der zumutbaren Maurerleistung am nächsten kommenden Formate, die gleichzeitig den Forderungen der Maßordnung im Hochbau entsprechen, sind in der Abbildung im Schnittpunkt der "Leistungsgeraden" mit den "Rohwichte-Kurven" besonders markiert. Allein nach der Maurerleistung beurteilt wäre allerdings bei einer Beton-Rohwichte von 1600 kg/m^3 das Format 240/240/238 mm (6 NF) und bei einer Rohwichte von 1200 kg/m^3 das Format 365/240/238 mm (9 NF) günstiger als die in der Abbildung bevorzugten (9 bzw. 12 NF). Diese Entscheidung berücksichtigt jedoch den höheren Fertigungsaufwand für die kleineren Steine, der in beiden Fällen die niedrigere Maurerleistung mehr als ausgleicht.

Das Ergebnis dieses Teiles der Versuche wurde bei der Normung der Leichtbeton-Hohlblocksteine voll berücksichtigt. Die genormten Steine sind in Abbildung 3 mit den zugehörigen, aus Abbildung 2 abgelesenen mittleren arbeitstäglichen Maurerleistungen dargestellt. Damit können mit den genormten Hohlblocksteinen Leistungen erreicht werden, die den Leistungen mit den idealen Formaten praktisch gleichkommen. Die Leistung mit dem arbeitsgünstigeren großen Hohlblockstein geringer Beton-Rohwichte kann die Leistung mit dem kleineren Hohlblockstein hoher Beton-Rohwichte nahezu um die Hälfte übertreffen. Dennoch bleiben die dargestellten Steine zur Ausnutzung der vorhandenen Beton-Zuschlagstoffe und aus bautechnischen Gründen nebeneinander erforderlich.

c) Leistungssteigerung durch Reihenarbeit. Im Gegensatz zur Gruppenarbeit, bei der die einzelnen Arbeitsstufen des Maurers von <u>mehreren</u> Arbeitern im Zusammenwirken ausgeführt werden, läßt die Methode der Reihenarbeit die volle Verantwortung für das "Werkstück" bei dem für sich arbeitenden und alle Arbeitsstufen <u>allein</u> ausführenden Maurer-Facharbeiter. Er versetzt mit beiden Händen eine Reihe von Hohlblocksteinen z.B. und nimmt erst dann die Kelle wieder zur Hand, um auch die Fugen dieser Reihe von Steinen in einem Arbeitsgang zu vermörteln. Schon diese knappe Beschreibung des Verfahrens läßt die arbeitstechnischen und arbeitsphysiologischen Vorteile erkennen, die sich gegenüber der bisher in der Baupraxis üblichen und von den Einhandsteinen auf die Zweihandsteine übertragenen Methode der Einzelverlegung ergaben, bei der jeder Stein für sich mit beiden Händen versetzt und - nach Wiedererfassen der Kelle - auch für sich vermörtelt wird.

Forschungsberichte des Wirtschafts- und Verkehrsministeriums Nordrhein Westfalen

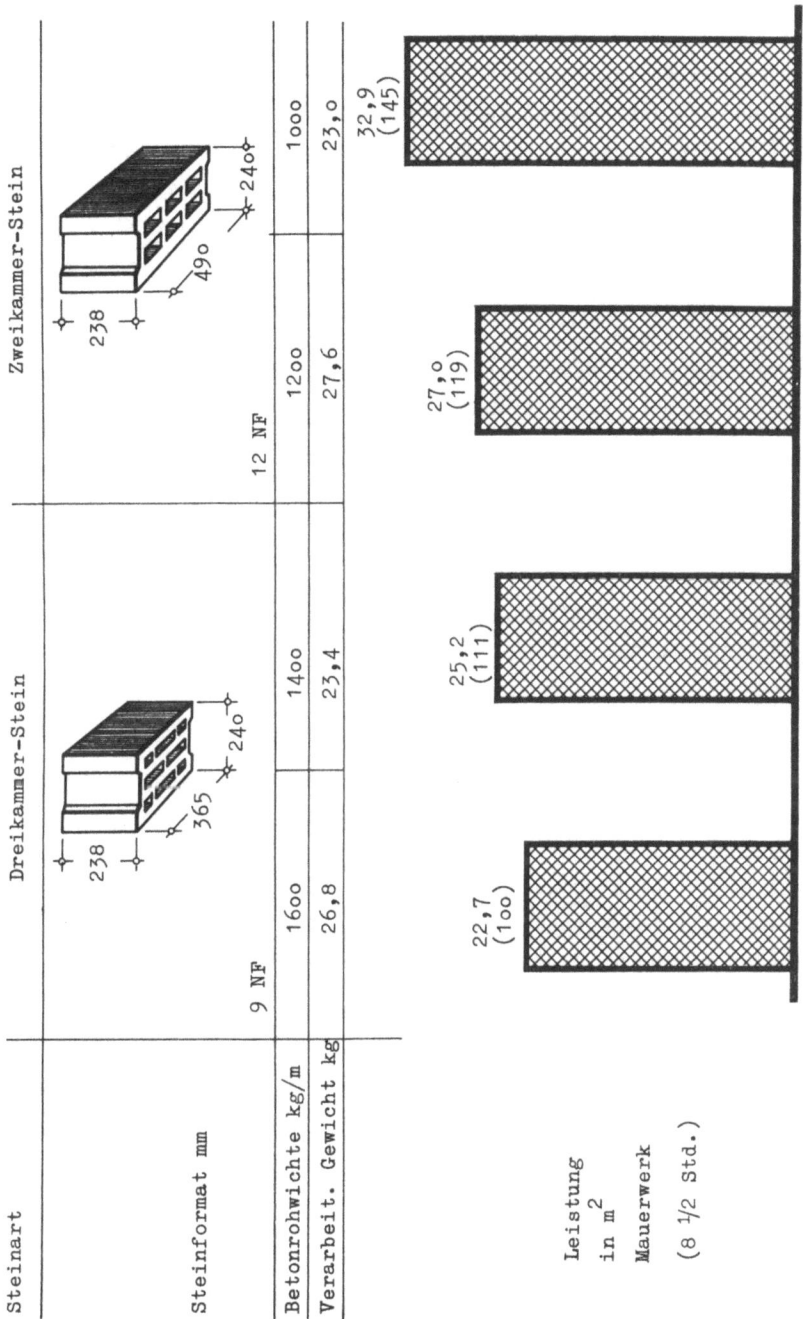

Abbildung 3

Forschungsberichte des Wirtschafts- und Verkehrsministeriums Nordrhein Westfalen

In einer früheren Versuchsreihe wurden vergleichbare Steinformate von Maurern gleicher Testleistung nach dieser überkommenen Methode vermauert. Die Ergebnisse der früheren Versuche sind in Abbildung 4 den Ergebnissen des hier geschilderten Vergleichsmauerns gegenübergestellt (Für den Vergleich sind aus Abbildung 2 die Tagesleistungen abgelesen, die zu erwarten gewesen wären, wenn die Steine des geschilderten Vergleichsmauerns auch das gleiche Gewicht gehabt hätten, wie die der früheren Versuchsreihe). Die Abbildung erweist, daß die Methode der Reihenarbeit je nach Format, Gewicht und Griffigkeit des Mauersteines eine Steigerung der Dauerleistung um 30-45 % ermöglicht. Das Vergleichsmauern bestätigte ferner, daß die handwerkliche Güte des in Reihenarbeit erstellten Mauerwerks mindestens der entspricht, die bei Einzelverlegung der Steine erreicht werden kann.

Aufgrund dieses Ergebnisses wurde empfohlen, die Methode der Reihenverarbeitung von Zweihandsteinen allgemein in der Baupraxis einzuführen.

d) Der Einfluß von Griffhilfen am Stein auf die Leistung und körperliche Beanspruchung der Maurer.

1. Die besondere Bedeutung arbeitsgünstiger Griffhilfen an großformatigen Einhand-Steinen ist aus Abbildung 5 ablesbar, in der die arbeitstäglichen Leistungen und die physiologische Beanspruchung der Maurer gegenübergestellt sind für 2 Arten an Hochlochziegeln 2 1/4 NF (240/175/113 mm), die sich äußerlich nur dadurch unterscheiden, daß die eine mit einem Daumen-Griffloch, die andere mit einem Finger-Griffschlitz ausgestattet ist. Die Funktion dieser wesentlich verschieden wirkenden Griffhilfen bei der Maurerarbeit ist am anschaulichsten durch Abbildung 6 und 7 gekennzeichnet. Die offensichtlichen Vorteile des Griffschlitzes - der Stein hängt mit dem Schwerpunkt unter den 4 Fingern, Daumen und Finger sind entlastet - wirkten sich trotz höheren Steingewichtes (6,2 statt 5,1 kg beim Grifflochstein) zu einer um 8 % höheren Maurerleistung aus. Die tägliche Gewichtsleistung war sogar um 20 % höher. Während der Aufwand an Arbeitskalorien nur geringfügig anstieg, war der Kreislauf des Maurers bei der Arbeit mit dem Griffschlitz-Stein jedoch bedeutend geringer belastet als bei der Arbeit mit dem gleich-großen und leichteren Griffloch-Stein. Die Überbeanspruchung der Daumenmuskulatur

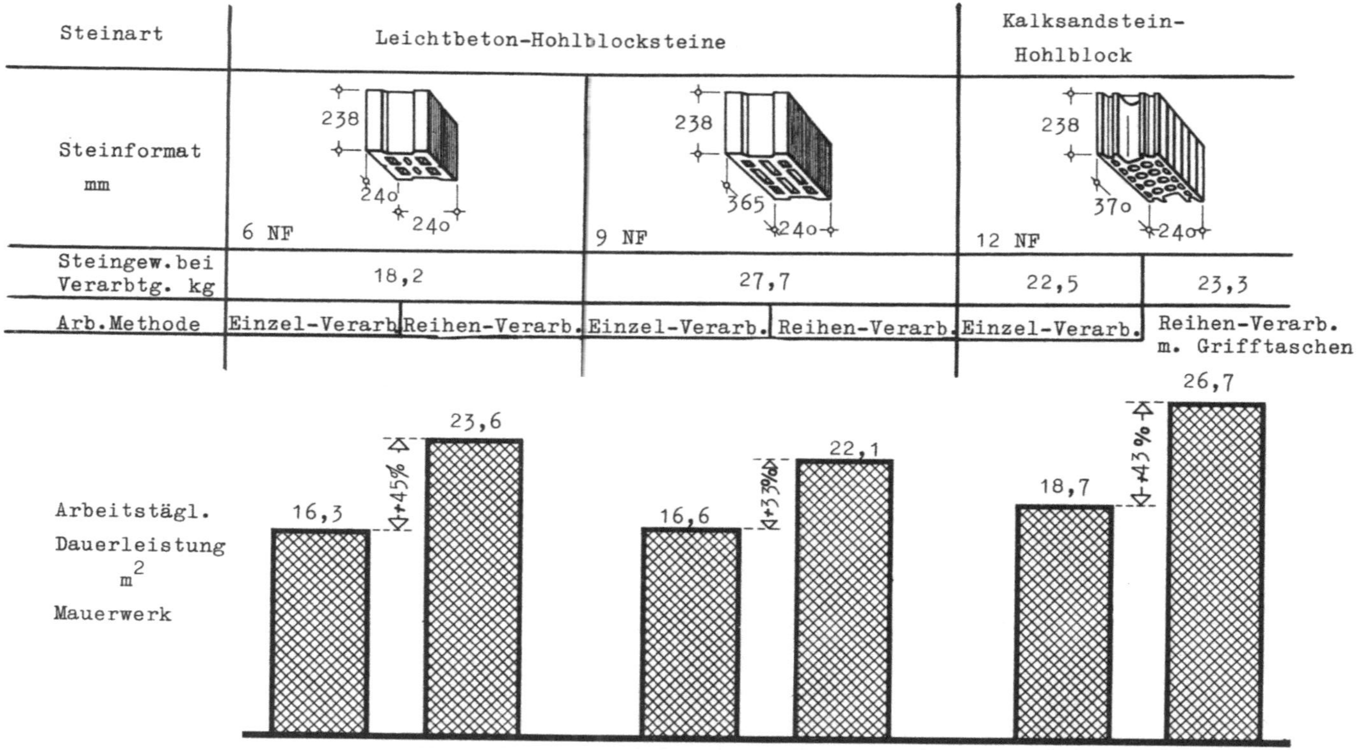

Forschungsberichte des Wirtschafts- und Verkehrsministeriums Nordrhein Westfalen

Steinart	Leichtbeton-Hohlblocksteine		Kalksandstein-Hohlblock	
Steinformat mm	238 × 240 × 240	238 × 365 × 240		238 × 370 × 240
	6 NF	9 NF	12 NF	
Steingew. bei Verarbtg. kg	18,2	27,7	22,5	23,3
Arb.Methode	Einzel-Verarb. / Reihen-Verarb.	Einzel-Verarb. / Reihen-Verarb.	Einzel-Verarb. / Reihen-Verarb. m. Grifftaschen	
Arbeitstägl. Dauerleistung m² Mauerwerk	16,3 / 23,6 (+45%)	16,6 / 22,1 (+33%)	18,7 / 26,7 (+43%)	

Abbildung 4

Forschungsberichte des Wirtschafts- und Verkehrsministeriums Nordrhein Westfalen

S t e i n a r t	H o c h l o c h z i e g e l	
Griffart	mit Griffloch	mit Griffschlitz
Steinformat mm	113 / 240 / 175 2 1/4 NF	113 / 240 / 175 2 1/4 NF
Steinrohwichte-kg/m³	1066	1307
Steingew.b.Verarbtg.-kg	5,1	6,2

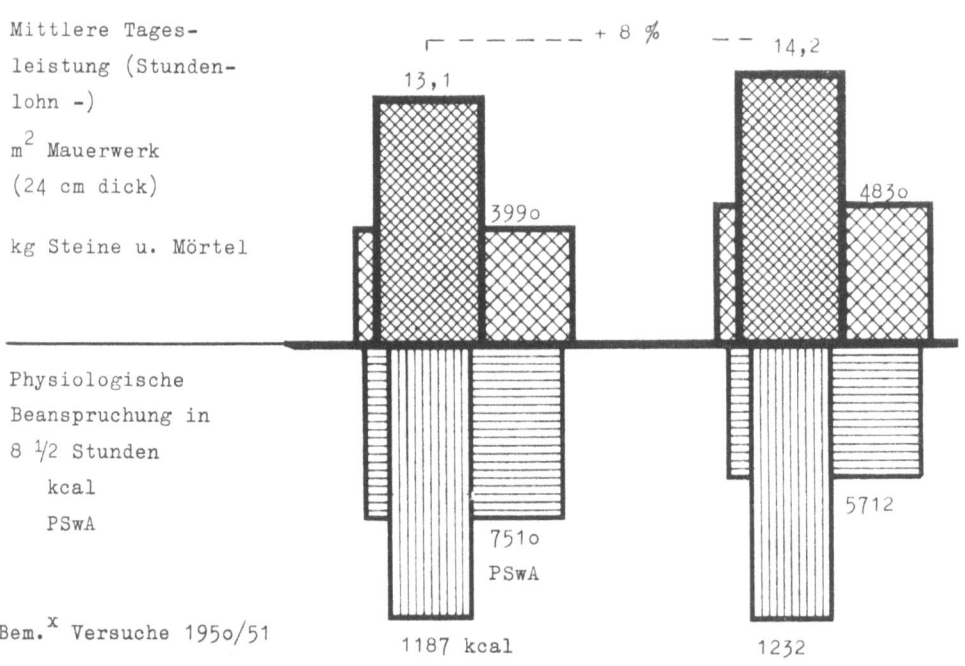

Abbildung 5

und der Haut vor allem an der Innenseite des Daumens führten beim Mauern mit Griffloch-Steinen zu einem unverhältnismäßig hohen Anteil der Nebenzeiten (35,2 %, Flucht in die Nebenarbeiten !). Für die Hauptarbeiten mit Grifflochsteinen verwendeten die Maurer nur 45 % der Arbeitszeit. Beim Mauern mit Griffschlitz-Steinen dagegen war der Aufwand an Neben- und Pausenzeiten normal, für die Hauptarbeiten blieben 51 % der Arbeitszeit verfügbar.

Aufgrund dieses eindeutigen Versuchsergebnisses wurde vorgeschlagen, den Griffschlitz für Hochlochsteine 2 1/4 NF verbindlich einzuführen und die bestehenden Normen entsprechend zu ergänzen.

2. Ähnliches ergibt sich nach Abbildung 8 beim Vergleich der Versuchsergebnisse für gleich große und hier auch gleich schwere Zweihandsteine, den Leichtbeton-Hohlblockstein ohne besondere Griffhilfe am Stein und den Kalksandstein-Hohlblock mit Grifftasche. Leichtbeton-Hohlblocksteine entsprechenden Gewichts wurden beim Vergleichsmauern zwar nicht verarbeitet, doch können Werte für ein Steingewicht, das dem der früheren Versuche entspricht, mit ausreichender Sicherheit aus den Ergebnissen interpoliert werden.

Die Funktion der Grifftasche ist aus Abbildung 9 klar erkennbar.

Auch bei der Reihenverarbeitung von Zweihandsteinen wird die effektive Maurerleistung durch die arbeitsgünstige Griffhilfe um 6 % gesteigert, während der Kreislauf bei nahezu gleicher kalorischer Beanspruchung des Maurers wesentlich entlastet ist. Mit einem Anteil der Hauptzeiten von etwa 46 % bei dem Steine ohne Griffhilfe und von 53 % bei dem Stein mit Grifftasche (siehe Tabelle 3b, Stab i-l) führt auch der Vergleich der Arbeitsanalysen zu ähnlichen Folgerungen wie bei den Einhandsteinen 2 1/4 NF.

Wenn damit die physiologische Zweckmäßigkeit von Grifftaschen an Zweihandsteinen als generell erwiesen gelten konnte, erschien es angebracht, in Modellversuchen nach ihrer Bestform zu suchen. Bei diesen Versuchen hielten die Arbeiter genau nachgebildete Steinmodelle in der zu untersuchenden Griffart an den frei nach unten gehaltenen Armen. Eine senkrecht von unten am Stein angreifende Zugkraft wurde solange erhöht, bis die Versuchsperson den Stein loslassen mußte. Die Modellversuche wurden mit mehreren Personen

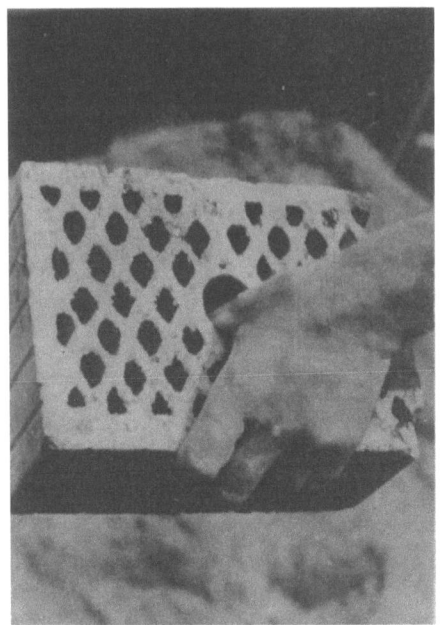 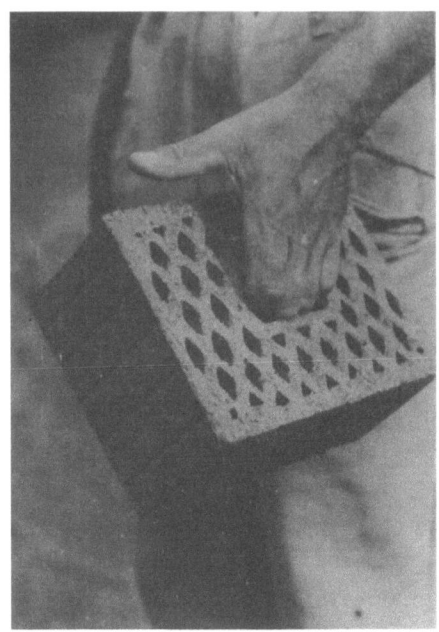

Abbildung 6   Abbildung 7

wiederholt. Ihre Ergebnisse streuten in einem bestimmten Bereich, können jedoch auch gemittelt werden. Es ist anzunehmen, daß die Griffart am vorteilhaftesten ist, die das Halten der größten Last ermöglicht. Beim Handhaben von Steinen gleichen Gewichts kann bei dieser Griffart mit der geringsten physiologischen Beanspruchung des Maurers gerechnet werden.

Um die Wirkung der Grifftaschen des Steines, der am Vergleichsmauern teilnahm (Abbildung 9) im Vergleich zu anderen Griffarten beurteilen zu können, wurden in einer Versuchsreihe - "Maximale Zugkräfte bei verschiedenen Griffarten" - neben der Grifftasche zunächst 4 weitere Griffarten untersucht. Sie sind in Abbildung 1o links unten, Versuchsreihe A, charakterisiert. Dazu sind die Streubereiche und mittleren Werte der bei den Modellversuchen an mehreren Arbeitern wiederholt gemessenen maximalen Zugkräfte dargestellt. Daraus folgert:

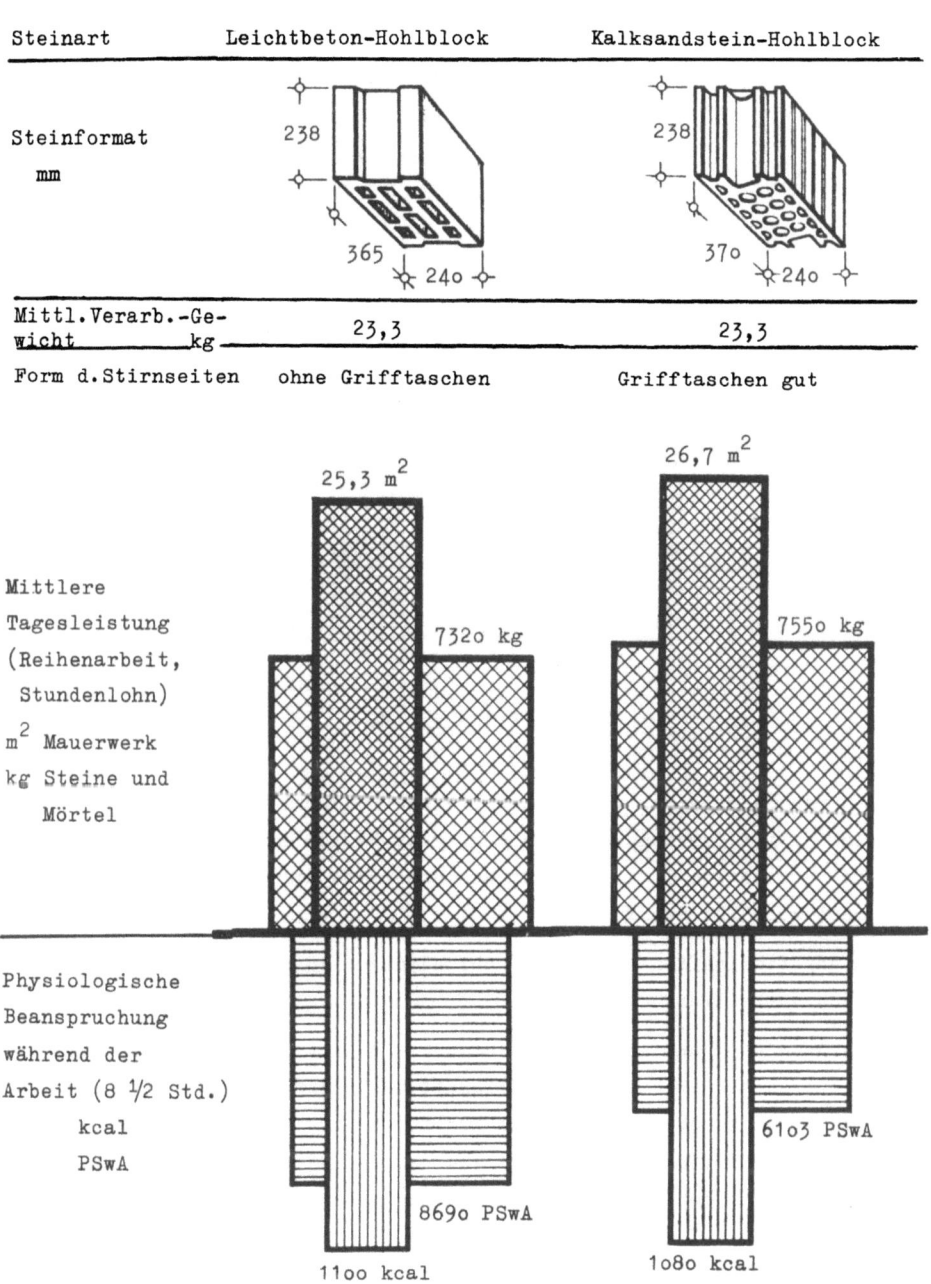

Abbildung 8

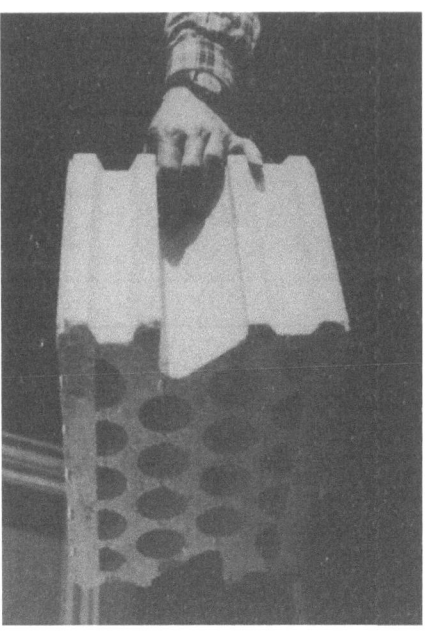

Abbildung 9

Das Handhaben einer Last mit Hilfe von runden Handgriffen (Teilversuch 5) ist dem menschlichen Körper am besten angepaßt. Diese Griffart wäre jedoch lediglich für den Handtransport der Steine denkbar, nicht aber für das Mauern.

Am unvorteilhaftesten ist der beidhändige Klemmgriff an ebenen Griff-Flächen (Teilversuche 1).

Die Anordnung und Ausnutzung von 65 mm breiten Grifftaschen gemäß Teilversuch 2 erhöht die Griffigkeit des Steins im Vergleich zum Klemmgriff an ebenen Griff-Flächen bedeutend. Grifftaschen haben den großen arbeitstechnischen Vorteil, daß der Maurer den Stein nach dem Ergreifen in der Regel verarbeiten kann, ohne den Griff zum Versetzen des Steines auf der Mauergleiche verändern zu müssen. Mit nur 65 mm Breite sind diese Grifftaschen jedoch so eng bemessen, daß sie nur 2-3 Fingern Halt bieten.

Arbeitsphysiologisch noch zweckmäßiger erwiesen sich der Klemmgriff an stark profilierten Griff-Flächen (Teilversuch 3) und der Diagonal-Kantengriff (Teilversuch 4). Im praktischen Arbeitsablauf würde zum Versetzen der Steine auf der Mauergleiche aber ein 1-2 maliges Umgreifen erforderlich werden. Damit verliert der Maurer nicht nur Zeit, jedes Umgreifen bedeutet zugleich auch eine unproduktive Inanspruchnahme der zur Verfügung stehenden Arbeitskalorien und des Kreislaufs.

Insgesamt muß die Grifftasche daher als arbeitstechnisch und arbeitsphysiologisch vorteilhafteste Griffhilfe für Zweihandsteine angesehen werden. Da die bei diesen Versuchen verwendete 65 mm breite Grifftasche jedoch noch nicht einmal die Griffhilfewirkung einer stark profilierten Fläche erreicht, konnte das Ergebnis in physiologischer Hinsicht nicht befriedigen. Es war deshalb Zweck der anschließend durchgeführten Versuchsreihe B "Maximale Zugkräfte bei verschiedenen Grifftaschen" wirkungsvollere Formen für Grifftaschen nachzuweisen. Dabei kam es im wesentlichen darauf an, den vorderen Fingergliedern mehr Halt am Stein zu bieten und die Grifftaschen mindestens so breit zu machen, daß 3-4 Finger nebeneinander unterfassen können.

Die so auf verschiedene Art verbesserten und untersuchten 3 weiteren Grifftaschen-Formen sind neben der bereits an Versuchsreihe A beteiligten, noch nicht befriedigenden Form in Abbildung 11 dargestellt. Abbildung 1o zeigt rechts unter B die Ergebnisse der Vorsuche. Danach sind die 7o mm breiten und über die ganze Breite gleichmäßig tiefen Grifftaschen gemäß Teilversuch 6 und die 86 mm breiten Grifftaschen mit schrägen Innenwandungen gemäß Teilversuch 7 wahlweise als am vorteilhaftesten anzusehen [1o]. Beide übertreffen nunmehr die Griffhilfe-Wirkung stark profilierter Flächen (Teilversuch 3).

Diese Ergebnisse wurden in den Normenvorschlägen für Kalksandstein-Hohlblöcke berücksichtigt. Auch der Betonstein-Industrie wurde vorgeschlagen, die Möglichkeit von Grifftaschen an Leichtbeton-Hohlblocksteinen trotz fertigungstechnischer Schwierigkeiten zu prüfen.

1o Die mögliche Breite und Form der Grifftaschen ist wesentlich abhängig von den jeweiligen fertigungstechnischen Voraussetzungen und der Anordnung der Hohlräume im Innern des Steins.

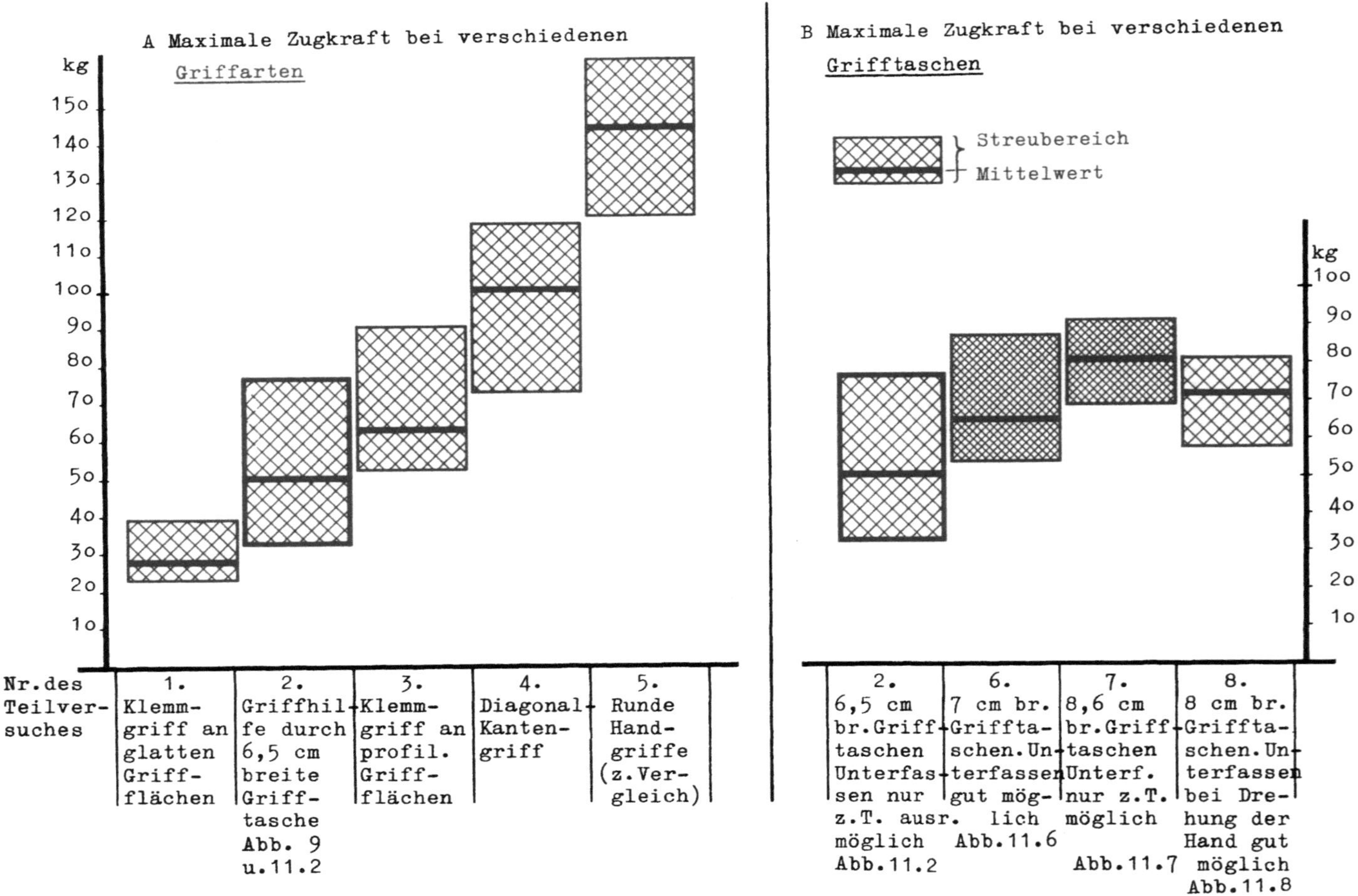

Forschungsberichte des Wirtschafts- und Verkehrsministeriums Nordrhein Westfalen

A Maximale Zugkraft bei verschiedenen **Griffarten**

B Maximale Zugkraft bei verschiedenen **Grifftaschen**

Streubereich / Mittelwert

Nr. des Teilversuches	1.	2.	3.	4.	5.
	Klemmgriff an glatten Griffflächen	Griffhilfe durch 6,5 cm breite Grifftasche Abb. 9 u. 11.2	Klemmgriff an profil. Griffflächen	Diagonal-Kantengriff	Runde Handgriffe (z. Vergleich)

	2.	6.	7.	8.
	6,5 cm br. Griff-taschen. Unterfassen nur z.T. ausr. lich möglich Abb. 11.2	7 cm br. Griff-taschen. Unterfassen nur gut möglich Abb. 11.6	8,6 cm br. Griff-taschen. Unterf. nur z.T. möglich Abb. 11.7	8 cm br. Griff-taschen. Unterfassen bei Drehung der Hand gut möglich Abb. 11.8

Abbildung 10

Teilvers.:

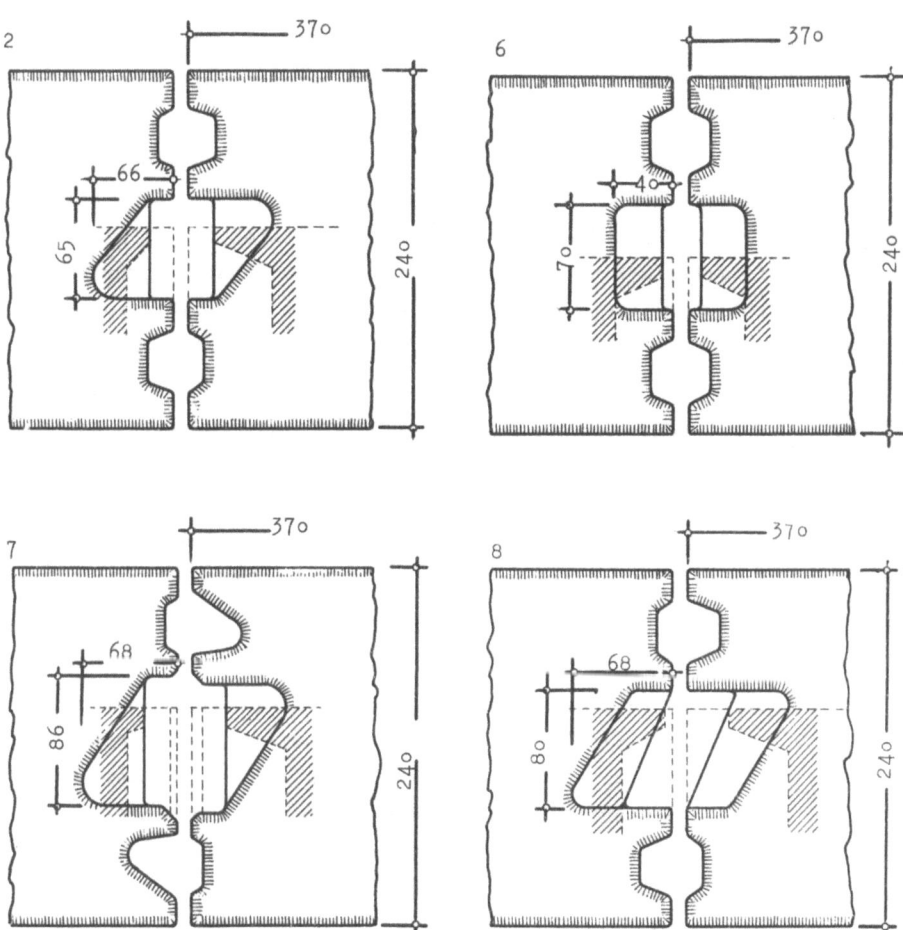

Abbildung 11

Desgleichen sollte die bereits laufende Entwicklung von Ziegeln im Format von Hohlblocksteinen Grifftaschen vorsehen.

e) Physiologisch vorteilhafte Arbeitshöhen durch zweckmäßige Baurüstungen. Die Messungen des Energieumsatzes ermöglichten eine Stellungnahme zu der Frage, ob es zweckmäßig ist, auch großformatige Bausteine bis zu der für NF-Vollsteine üblichen Höhe von 1,35 m über der Rüstungsplattform zu verarbeiten.

Hierzu ist in Abbildung 12 der Umsatz an kcal je Arbeitsminute in verschiedenen Arbeitshöhen (Steinschichten) für Normalformat-Vollsteine und Leichtbeton-Hohlblocksteine 9 NF gegenübergestellt. Als Arbeitshöhe ist die Mittellinie der betreffenden Steinschicht angenommen. (Da der Sockel der Versuchswand die Rüstungsplattform um 1o cm überragte, liegen die Arbeitshöhen jeweils um dieses Maß über dem Höhenraster nach der Maßordnung).

Vor 25 Jahren bereits hatten BAADER und LEHMANN nachgewiesen, daß das Vermauern von Reichsformat-Vollsteinen dicht über der Rüstungsplattform weit anstrengender ist als das Mauern in Höhen von etwa 1 m (1). Dieses Ergebnis wird durch die neuen Messungen mit Normalformat-Vollsteinen bestätigt. Durch den großen Anteil an Bückarbeit ist der Energieumsatz je Zeiteinheit in der unteren Steinschicht am höchsten und sinkt mit zunehmender Arbeitshöhe ab.

Beim Vermauern von Leichtbeton-Hohlblocksteinen ist der Energieumsatz je Zeiteinheit trotz 4-5-facher effektiver Leistung allgemein geringer als bei den kleinen Vollsteinen. In der untersten Steinschicht entspricht er dem Energieumsatz beim Mauern mit Vollsteinen in einer Höhe von etwa 1 m. Bis etwa Griffhöhe wird er von Schicht zu Schicht geringer. Bei Arbeitshöhen über 1 m steigt er dann im Gegensatz zu den Normalformat-Vollsteinen aber wieder an. Diese Feststellung kann damit begründet werden, daß der Maurer den Stein vor dem Versetzen auf der Mauergleiche häufig kurz auf den Hüftknochen abstützen muß, um umzugreifen und ihn dann auf die Mauergleiche hochzustemmen. Da der Energieaufwand in der 5. Schicht von Hohlblocksteinen aber zunächst nur geringfügig steigt und noch wesentlich niedriger ist als in der 1. und 2. Schicht von unten, erscheint eine Reduzierung der Arbeitshöhen von oben nicht gerechtfertigt. Es ist jedoch zu empfehlen, bei <u>allen</u>

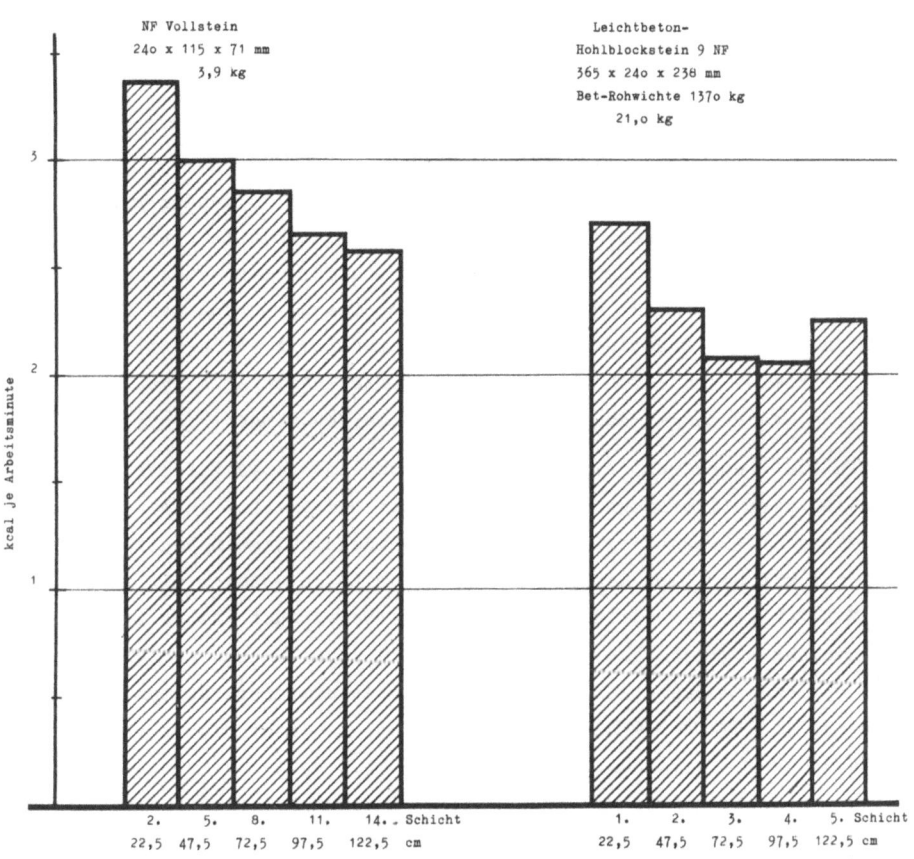

Abbildung 12

Steinarten so zu rüsten, daß die von der nächst-unteren Rüstungsplattform erreichte Mauergleiche die neue Rüstungsplattform möglichst um 25 cm überragt. Damit wird dem Maurer Bückarbeit erspart, die in jedem Fall mehr Energie erfordert als das Mauern in Höhen bis rund 1,40 m.

6. Zusammenfassung der Ergebnisse und Schlußfolgerungen

Es ist möglich, die effektive Maurerleistung durch Verwenden großformatiger Leicht-Steine verschiedener Art und durch rationelle Arbeitsmethoden bis auf ein Mehrfaches der Leistung mit Normalformat-Steinen zu steigern. Gleichzeitig damit sinkt die physiologische Beanspruchung der Maurer wesentlich. Weitere Arbeitserleichterungen sind durch verbesserte Griffigkeit der Steine und durch physiologisch vorteilhafte Arbeitshöhen möglich, die durch zweckmäßiges Rüsten eingestellt werden können.

Der Einfluß dieses zweifellos großen Rationalisierungs-Erfolges auf die Baukosten darf allerdings nicht überschätzt werden. Der Aufwand für die in dem beschriebenen Vergleichsmauern unberücksichtigten Bauhilfsarbeiten sinkt mit der Verwendung großformatiger Leicht-Steine nicht in gleichem Maße ab wie der für die reine Maurerarbeit. Auch ist es im allgemeinen nicht möglich, das gesamte Mauerwerk eines Hauses aus großformatigen Steinen zu erstellen. Die Kosten für alle Maurerarbeiten machen wiederum nur 1/4 - 1/5 der Gebäudekosten aus. Die gesamten Baukosten z.B. eines Wohnhauses - Gebäudekosten, Grundstückkosten, Erschließungskosten, Kosten der Außenanlagen und Baunebenkosten - würden je nach den Gegebenheiten des Einzelfalles durch die Verwendung großformatiger Leicht-Steine anstelle von Vollsteinen im Normalformat etwa nur noch 3-6 % niedriger sein können. Am Beispiel des Mauerwerks ist damit zugleich erklärt, daß es keinen Weg gibt, die Baukosten durch eine einzelne, wenn auch noch so erfolgreiche Rationalisierungsmaßnahme in einem Zuge entscheidend zu senken. Dazu bedarf es ähnlicher Bemühungen und Erfolge bei möglichst allen Bauteilen und Bauleistungen, wie vorstehend für das Mauerwerk nachgewiesen. Diese Aufgabe ist ebenso umfassend wie mühevoll, darf aber dennoch aussichtsvoll erscheinen.

<u>Forschungsberichte des Wirtschafts- und Verkehrsministeriums Nordrhein Westfalen</u>

Der Bericht ist das Ergebnis einer Gemeinschaftsarbeit des Max-Planck-Instituts für Arbeitsphysiologie, Dortmund und des Instituts für Bauforschung, Hannover.

Dr.-Ing. H. S C H Ö N E F E L D , Hannover
Dr.med. A. H E I S I N G , Dortmund

Forschungsberichte des Wirtschafts- und Verkehrsministeriums Nordrhein Westfalen

7. Verzeichnis der Tabellen und Abbildungen

Tabelle 1: Steinarten, Steinformate, Steinvolumen, Steingewichte

Tabelle 2: Persönliche Daten der Versuchsmaurer (im Text)

Tabelle 3a-c: Ergebnisse der arbeitstechnischen und arbeitsphysiologischen Versuche

Abbildung 1: Mittlere Leistung und physiologische Beanspruchung beim Mauern mit verschiedenen typischen Steinarten

Abbildung 2: Maurerleistung, Format, Verarbeitungsgewicht und Beton-Rohwichte von Leichtbeton-Hohlblocksteinen

Abbildung 3: Arbeitstägliche Maurerleistungen mit Leichtbeton-Hohlblocksteinen gem. DIN 18151 (Reihenarbeit-Stundenlohn)

Abbildung 4: Arbeitstägliche Maurerleistungen mit Hohlblocksteinen bei Einzel- und Reihenverlegung

Abbildung 5: Arbeitstägliche Leistung und physiologische Beanspruchung beim Vermauern von Hochlochziegeln 2 $\frac{1}{4}$ NF (240/175/113 mm) mit Daumen-Griffloch und Finger-Griffschlitz

Abbildung 6: Rundes Daumen-Griffloch im Hochlochziegel 2 $\frac{1}{4}$ NF (240/175/113 mm)

Abbildung 7: Länglicher Finger-Griffschlitz im Hochlochziegel 2 $\frac{1}{4}$ NF (240/175/113 mm)

Abbildung 8: Arbeitstägliche Leistung und physiologische Beanspruchung beim Vermauern von Hohlblocksteinen ohne und mit Grifftaschen

Abbildung 9: Grifftasche am Kalksandstein-Hohlblock 370/240/238 mm (9 NF)

Abbildung 10: Griffigkeit von Hohlblocksteinen (Maximale Zugkraft)
A. Verschiedene Griffarten
B. Verschiedene Grifftaschen

Abbildung 11: Verschiedene Grifftaschenformen

Abbildung 12: Energieumsatz und Arbeitshöhe bei der Maurerarbeit mit Vollsteinen 240/115/71 mm (NF) und Leichtbeton-Hohlblocksteinen 365/240/238 mm (9 NF)

8. Literaturverzeichnis

1. BAADER, E. u. G. LEHMANN — Über die Ökonomie der Maurerarbeit. Arbeitsphysiologie 1, 4o, 1928

2. GILBRETH — Bricklaying System. Verlag The Myron C. Clark Publ. Co., New York 19o9

3. TRIEBEL, W. — Steinformat und Maurerleistung Siedlung und Wirtschaft 7, 1941, Otto Elsner-Verlagsgesellschaft, Berlin

4. SCHÖNEFELD, H. — Steigerung der Maurerleistung. Fortschritte und Forschungen im Bauwesen, D/13, Franckh'sche Verlagshandlung, Stuttgart, 1953

5. DIN 1o5 — Mauerziegel-Vollziegel und Lochziegel, Jan. 1952

   DIN 1o6 — Kalksandsteine (Mauersteine), Okt. 1952

   DIN 18151 — Hohlblocksteine aus Leichtbeton, Sept. 1952

   DIN 4165 — Wandbausteine aus Gas- und Schaumbeton, Entwurf, Mai 1951

6. MÜLLER, E.A. — Ein Leistungs-Puls-Index als Maß der Leistungsfähigkeit. Arbeitsphysiologie 14, 271, 195o

7. MÜLLER, E.A. u. H. FRANZ — Energieumsatzmessungen bei beruflicher Arbeit mit einer verbesserten Respirations-Gasuhr. Arbeitsphysiologie 14, 499, 1952

8. DIN 4172 — Maßordnung im Hochbau, Jan. 1951

FORSCHUNGSBERICHTE
DES WIRTSCHAFTS- UND VERKEHRSMINISTERIUMS
NORDRHEIN-WESTFALEN

Herausgegeben von Staatssekretär Prof. Leo Brandt

Heft 1:
Prof. Dr.-Ing. Eugen Flegler, Aachen,
Untersuchungen oxydischer Ferromagnet-Werkstoffe

Heft 2:
Prof. Dr. phil. Walter Fuchs, Aachen,
Untersuchungen über absatzfreie Teeröle

Heft 3:
Techn.-Wissenschaftl. Büro für die Bastfaserindustrie, Bielefeld,
Untersuchungsarbeiten zur Verbesserung des Leinenwebstuhls

Heft 4:
Prof. Dr. E. A. Müller u. Dipl.-Ing. H. Spitzer, Dortmund,
Untersuchungen über die Hitzebelastung in Hüttenbetrieben

Heft 5:
Dipl.-Ing. Werner Fister, Aachen,
Prüfstand der Turbinenuntersuchungen

Heft 6:
Prof. Dr. phil. Walter Fuchs, Aachen,
Untersuchungen über die Zusammensetzung und Verwendbarkeit von Schwelteerfraktionen

Heft 7:
Prof. Dr. phil. Walter Fuchs, Aachen,
Untersuchungen über emsländisches Petrolatum

Heft 8:
Maria Elisabeth Meffert und Heinz Stratmann, Essen
Algen-Großkulturen im Sommer 1951

Heft 9:
Techn.-Wissenschaftl. Büro für die Bastfaserindustrie, Bielefeld,
Untersuchungen über die zweckmäßige Wicklungsart von Leinengarnkreuzspulen unter Berücksichtigung der Anwendung hoher Geschwindigkeiten des Garnes
Vorversuche für Zetteln und Schären von Leinengarnen auf Hochleistungsmaschinen

Heft 10:
Prof. Dr. Wilhelm Vogel, Köln,
„Das Streifenpaar" als neues System zur mechanischen Vergrößerung kleiner Verschiebungen und seine technischen Anwendungsmöglichkeiten

Heft 11:
Laboratorium für Werkzeugmaschinen und Betriebslehre, Technische Hochschule Aachen,
1. Untersuchungen über Metallbearbeitung im Fräsvorgang mit Hartmetallwerkzeugen und negativem Spanwinkel
2. Weiterentwicklung des Schleifverfahrens für die Herstellung von Präzisionswerkstücken unter Vermeidung hoher Temperaturen
3. Untersuchung von Oberflächenveredlungsverfahren zur Steigerung der Belastbarkeit hochbeanspruchter Bauteile

Heft 12:
Elektrowärme-Institut, Langenberg (Rhld.),
Induktive Erwärmung mit Netzfrequenz

Heft 13:
Techn.-Wissenschaftl. Büro für die Bastfaserindustrie, Bielefeld,
Das Naßspinnen von Bastfasergarnen mit chemischen Zusätzen zum Spinnbad

Heft 14:
Forschungsstelle für Acetylen, Dortmund,
Untersuchungen über Aceton als Lösungsmittel für Acetylen

Heft 15:
Wäschereiforschung Krefeld,
Trocknen von Wäschestoffen

Heft 16:
Max-Planck-Institut für Kohlenforschung, Mülheim a. d. Ruhr,
Arbeiten des MPI für Kohlenforschung

Heft 17:
Ingenieurbüro Herbert Stein, M. Gladbach,
Untersuchung der Verzugsvorgänge in den Streckwerken verschiedener Spinnereimaschinen. 1. Bericht: Vergleichende Prüfung mit verschiedenen Dickenmeßgeräten

Heft 18:
Wäschereiforschung Krefeld,
Grundlagen zur Erfassung der chemischen Schädigung beim Waschen

Heft 19:
Techn.-Wissenschaftl. Büro für die Bastfaserindustrie, Bielefeld,
Die Auswirkung des Schlichtens von Leinengarnketten auf den Verarbeitungswirkungsgrad, sowie die Festigkeits- und Dehnungsverhältnisse der Garne und Gewebe

Heft 20:
Techn.-Wissenschaftl. Büro für die Bastfaserindustrie, Bielefeld,
Trocknung von Leinengarnen I
Vorgang und Einwirkung auf die Garnqualität

Heft 21:
Techn.-Wissenschaftl. Büro für die Bastfaserindustrie, Bielefeld,
Trocknung von Leinengarnen II
Spulenanordnung und Luftführung beim Trocknen von Kreuzspulen

Heft 22:
Techn.-Wissenschaftl. Büro für die Bastfaserindustrie, Bielefeld,
Die Reparaturanfälligkeit von Webstühlen

Heft 23:
Institut für Starkstromtechnik, Aachen,
Rechnerische und experimentelle Untersuchungen zur Kenntnis der Metadyne als Umformer von konstanter Spannung auf konstanten Strom

Heft 24:
Institut für Starkstromtechnik, Aachen,
Vergleich verschiedener Generator-Metadyne-Schaltungen in bezug auf statisches Verhalten

Heft 25:
Gesellschaft für Kohlentechnik mbH., Dortmund-Eving,
Struktur der Steinkohlen und Steinkohlen-Kokse

Heft 26:
Techn.-Wissenschaftl. Büro für die Bastfaserindustrie, Bielefeld,
Vergleichende Untersuchungen zweier neuzeitlicher Ungleichmäßigkeitsprüfer für Bänder und Garne hinsichtlich Ihrer Eignung für die Bastfaserspinnerei

Heft 27:
Prof. Dr. E. Schratz, Münster,
Untersuchungen zur Rentabilität des Arzneipflanzenanbaues
Römische Kamille, Anthemis nobilis L.

Heft 28:
Prof. Dr. E. Schratz, Münster,
Calendula officinalis L.
Studien zur Ernährung, Blütenfüllung und Rentabilität der Drogengewinnung

Heft 29:
Techn.-Wissenschaftl. Büro für die Bastfaserindustrie, Bielefeld,
Die Ausnützung der Leinengarne in Geweben

Heft 30:
Gesellschaft für Kohlentechnik mbH., Dortmund-Eving,
Kombinierte Entaschung und Verschwelung von Steinkohle; Aufarbeitung von Steinkohlenschlämmen zu verkokbarer oder verschwelbarer Kohle

Heft 31:
Dipl.-Ing. Störmann, Essen,
Messung des Leistungsbedarfs von Doppelsteg-Kettenförderern

Heft 32:
Techn.-Wissenschaftl. Büro für die Bastfaserindustrie, Bielefeld,
Der Einfluß der Natriumchloridbleiche auf Qualität und Verwebbarkeit von Leinengarnen und die Eigenschaften der Leinengewebe unter besonderer Berücksichtigung des Einsatzes von Schützen- und Spulenwechselautomaten in der Leinenweberei

Heft 33:
Kohlenstoffbiologische Forschungsstation e. V.,
Eine Methode zur Bestimmung von Schwefeldioxyd und Schwefelwasserstoff in Rauchgasen und in der Atmosphäre

Heft 34:
Textilforschungsanstalt Krefeld,
Quellungs- und Entquellungsvorgänge bei Faserstoffen

Heft 35:
Professor Dr. Wilhelm Kast, Krefeld,
Feinstrukturuntersuchungen an künstlichen Zellulosefasern verschiedener Herstellungsverfahren

Heft 36:
Forschungsinstitut der feuerfesten Industrie, Bonn,
Untersuchungen über die Trocknung von Rohton.
Untersuchungen über die chemische Reinigung von Silika- und Schamotte-Rohstoffen mit chlorhaltigen Gasen

Heft 37:
Forschungsinstitut der feuerfesten Industrie, Bonn,
Untersuchungen über den Einfluß der Probenvorbereitung auf die Kaltdruckfestigkeit feuerfester Steine

Heft 38:
Forschungsstelle für Acetylen, Dortmund,
Untersuchungen über die Trocknung von Acetylen zur Herstellung von Dissousgas

Heft 39:
Forschungsgesellschaft Blechverarbeitung e. V., Düsseldorf,
Untersuchungen an prägegemusterten und vorgelochten Blechen

Heft 40:
Landesgeologe Dr.-Ing. W. Wolff, Amt für Bodenforschung, Krefeld,
Untersuchungen über die Anwendbarkeit geophysikalischer Verfahren zur Untersuchung von Spateisengängen im Siegerland

Heft 41:
Techn.-Wissenschaftl. Büro für die Bastfaserindustrie, Bielefeld,
Untersuchungsarbeiten zur Verbesserung des Leinenwebstuhles II

Heft 42:
Professor Dr. Burckhardt Helferich, Bonn,
Untersuchungen über Wirkstoffe — Fermente — in der Kartoffel und die Möglichkeit ihrer Verwendung

Heft 43:
Forschungsgesellschaft Blechverarbeitung e. V., Düsseldorf,
Forschungsergebnisse über das Beizen von Blechen

Heft 44:
Arbeitsgemeinschaft für praktische Dehnungsmessung, Düsseldorf,
Eigenschaften und Anwendungen von Dehnungsmeßstreifen

Heft 45:
Losenhausenwerk Düsseldorfer Maschinenbau AG., Düsseldorf,
Untersuchungen von störenden Einflüssen auf die Lastgrenzenanzeige von Dauerschwingprüfmaschinen

Heft 46:
Professor Dr. phil. W. Fuchs, Aachen,
Untersuchungen über die Aufbereitung von Wasser für die Dampferzeugung in Benson-Kesseln

Heft 47:
Prof. Dr.-Ing. habil. Karl Krekeler, Aachen,
Versuche über die Anwendung der induktiven Erwärmung zum Sintern von hochschmelzenden Metallen sowie zur Anlegierung und Vergütung von aufgespritzten Metallschichten mit dem Grundwerkstoff.

Heft 48:
Max-Planck-Institut für Eisenforschung, Düsseldorf,
Spektrochemische Analyse der Gefügebestandteile
in Stählen nach ihrer Isolierung

Heft 49:
Max-Planck-Institut für Eisenforschung, Düsseldorf,
Untersuchungen über Ablauf der Desoxydation und
die Bildung von Einschlüssen in Stählen

Heft 50:
Max-Planck-Institut für Eisenforschung, Düsseldorf,
Flammenspektralanalytische Untersuchung der Ferritzusammensetzung in Stählen

Heft 51:
Verein zur Förderung von Forschungs- und Entwicklungsarbeiten in der Werkzeugindustrie e. V., Remscheid,
Untersuchungen an Kreissägeblättern für Holz,
Fehler- und Spannungsprüfverfahren

Heft 52:
Forschungsstelle für Azetylen, Dortmund,
Untersuchungen über den Umsatz bei der explosiblen Zersetzung von Azetylen
 a) Zersetzung von gasförmigem Azetylen,
 b) Zersetzung von an Silikagel adsorbiertem Azetylen

Heft 53:
Professor Dr.-Ing. H. Opitz, Aachen,
Reibwert- und Verschleißmessungen an Kunststoffgleitführungen für Werkzeugmaschinen

Heft 54:
Professor Dr.-Ing. habil. F. A. F. Schmidt, Aachen,
Schaffung von Grundlagen für die Erhöhung der spez. Leistung und Herabsetzung des spez. Brennstoffverbrauches bei Ottomotoren mit Teilbericht über Arbeiten an einem neuen Einspritzverfahren

Heft 55:
Forschungsgesellschaft Blechverarbeitung, Düsseldorf,
Chemisches Glänzen von Messing und Neusilber

Heft 56:
Forschungsgesellschaft Blechverarbeitung, Düsseldorf,
Untersuchungen über einige Probleme der Behandlung von Blechoberflächen

Heft 57:
Prof. Dr.-Ing. habil. F. A. F. Schmidt, Aachen,
Untersuchungen zur Erforschung des Einflusses des chemischen Aufbaues des Kraftstoffes auf sein Verhalten im Motor und in Brennkammern von Gasturbinen.

Heft 58:
Gesellschaft für Kohlentechnik m. b. H., Dortmund,
Herstellung und Untersuchung von Steinkohlenschwelteer.

Heft 59:
Forschungsinstitut der Feuerfest-Industrie, Bonn,
Ein Schnellanalysenverfahren zur Bestimmung von Aluminiumoxyd, Eisenoxyd und Titanoxyd in feuerfestem Material mittels organischer Farbreagenzien auf photometrischem Wege
Untersuchung des Alkali-Gehaltes feuerfester Stoffe mit dem Flammenphotometer nach Riehm-Lange

Heft 60:
Forschungsgesellschaft Blechverarbeitung e. V., Düsseldorf,
Untersuchungen über das Spritzlackieren im elektrostatischen Hochspannungsfeld

Heft 61:
Verein zur Förderung von Forschungs- und Entwicklungsarbeiten in der Werkzeugindustrie e. V., Remscheid,
Schwingungs- und Arbeitsverhalten von Kreissägeblättern für Holz

Heft 62:
Professor Dr. W. Franz, Institut für theoretische Physik der Universität Münster,
Berechnung des elektrischen Durchschlags durch feste und flüssige Isolatoren

Heft 63:
Textilforschungsanstalt Krefeld,
Neue Methoden zur Untersuchung der Wirkungsweise von Textilhilfsmitteln
Untersuchungen über Schlichtungs- und Entschlichtungsvorgänge

Heft 64:
Textilforschungsanstalt Krefeld,
Die Kettenlängenverteilung von hochpolymeren Faserstoffen
Über die fraktionierte Fällung von Polyamiden

Heft 65:
Fachverband Schneidwarenindustrie, Solingen
Untersuchungen über das elektrolytische Polieren von Tafelmesserklingen aus rostfreiem Stahl

Heft 66:
Dr.-Ing. Peter Füsgen VDI †, Düsseldorf
Untersuchungen über das Auftreten des Ratterns bei selbsthemmenden Schneckengetrieben und seine Verhütung

Heft 67:
Heinrich Wösthoff o. H. G., Apparatebau, Bochum,
Entwicklung einer chemisch-physikalischen Apparatur zur Bestimmung kleinster Kohlenoxyd-Konzentrationen

Heft 68:
Kohlenstoffbiologische Forschungsstation e. V., Essen
Algengroßkulturen im Sommer 1952
II. Über die unsterile Großkultur von Scenedesmus obliquus

Heft 69:
Wäschereiforschung Krefeld
Bestimmung des Faserabbaues bei Leinen unter besonderer Berücksichtigung der Leinengarnbleiche

Heft 70:
Wäschereiforschung Krefeld
Trocknen von Wäschestoffen

Heft 71:
Prof. Dr.-Ing. K. Leist, Aachen
Kleingasturbinen, insbesondere zum Fahrzeugantrieb

Heft 72:
Prof. Dr.-Ing. K. Leist, Aachen
Beitrag zur Untersuchung von stehenden geraden Turbinengittern mit Hilfe von Druckverteilungsmessungen

Heft 73:
Prof. Dr.-Ing. K. Leist, Aachen
Spannungsoptische Untersuchungen von Turbinenschaufelfüßen

Heft 74:
Max-Planck-Institut für Eisenforschung, Düsseldorf
Versuche zur Klärung des Umwandlungsverhaltens eines sonderkarbidbildenden Chromstahls

Heft 75:
Max-Planck-Institut für Eisenforschung, Düsseldorf
Zeit-Temperatur-Umwandlungs-Schaubilder als Grundlage der Wärmebehandlung der Stähle

Heft 76:
Max-Planck-Institut für Arbeitsphysiologie, Dortmund
Arbeitstechnische und arbeitsphysiologische Rationalisierung von Mauersteinen

Heft 77:
Meteor Apparatebau Paul Schmeck G. m. b. H., Siegen
Entwicklung von Leuchtstoffröhren hoher Leistung

VERÖFFENTLICHUNGEN DER ARBEITSGEMEINSCHAFT FÜR FORSCHUNG DES LANDES NORDRHEIN-WESTFALEN

Im Auftrage des Ministerpräsidenten Karl Arnold
Herausgegeben von Staatssekretär Prof. Leo Brandt

Heft 1:
Prof. Dr.-Ing. Friedrich Seewald, Technische Hochschule Aachen,
Neue Entwicklungen auf dem Gebiete der Antriebsmaschinen
Prof. Dr.-Ing. Friedrich A. F. Schmidt, Technische Hochschule Aachen,
Technischer Stand und Zukunftsaussichten der Verbrennungsmaschinen, insbesondere der Gasturbinen
Dr.-Ing. R. Friedrich, Siemens-Schuckert-Werke A.-G., Mülheimer Werk,
Möglichkeiten und Voraussetzungen der industriellen Verwertung der Gasturbine

Heft 2:
Prof. Dr.-Ing. Wolfgang Riezler, Universität Bonn,
Probleme der Kernphysik
Prof. Dr. phil. Fritz Micheel, Universität Münster,
Isotope als Forschungsmittel in der Chemie und Biochemie

Heft 3:
Prof. Dr. med. Emil Lehnartz, Universität Münster,
Der Chemismus der Muskelmaschine
Prof. Dr. med. Gunther Lehmann, Direktor des Max-Planck-Instituts für Arbeitsphysiologie, Dortmund,
Physiologische Forschung als Voraussetzung der Bestgestaltung der menschlichen Arbeit
Prof. Dr. Heinrich Kraut, Max-Planck-Institut für Arbeitsphysiologie, Dortmund,
Ernährung und Leistungsfähigkeit

Heft 4:
Prof. Dr. Franz Wever, Max-Planck-Institut für Eisenforschung, Düsseldorf,
Aufgaben der Eisenforschung
Prof. Dr.-Ing. Hermann Schenck, Technische Hochschule Aachen,
Entwicklungslinien des deutschen Eisenhüttenwesens
Prof. Dr.-Ing. Max Haas, Techn. Hochschule Aachen,
Wirtschaftliche und technische Bedeutung der Leichtmetalle und ihre Entwicklungsmöglichkeiten

Heft 5:
Prof. Dr. med. Walter Kikuth, Medizinische Akademie Düsseldorf,
Virusforschung
Prof. Dr. Rolf Danneel, Universität Bonn,
Fortschritte der Krebsforschung
Prof. Dr. med. Dr. phil. W. Schulemann, Univ. Bonn,
Wirtschaftliche und organisatorische Gesichtspunkte für die Verbesserung unserer Hochschulforschung

Heft 6:
Prof. Dr. Walter Weizel, Institut für theoretische Physik, Bonn,
Die gegenwärtige Situation der Grundlagenforschung in der Physik
Prof. Dr. Siegfried Strugger, Universität Münster,
Das Duplikantenproblem in der Biologie
Prof. Dr. Rolf Danneel, Universität Bonn,
Über das Verhalten der Mitochondrien bei der Mitose der Mesenchymzellen des Hühner-Embryos
Direktor Dr. Fritz Gummert, Ruhrgas A.-G., Essen,
Überlegungen zu den Faktoren Raum und Zeit im biologischen Geschehen und Möglichkeiten einer Nutzanwendung

Heft 7:
Prof. Dr.-Ing. August Götte, Technische Hochschule Aachen,
Steinkohle als Rohstoff und Energiequelle
Prof. Dr. e. h. Karl Ziegler, Max-Planck-Institut für Kohlenforschung Mülheim a. d. Ruhr,
Über Arbeiten des Max-Planck-Instituts für Kohlenforschung

Heft 8:
Prof. Dr.-Ing. Wilhelm Fucks, Technische Hochschule Aachen,
Die Naturwissenschaft, die Technik und der Mensch
Prof. Dr. sc. pol. Walther Hoffmann, Universität Münster,
Wirtschaftliche und soziologische Probleme des technischen Fortschritts

Heft 9:
Prof. Dr.-Ing. Franz Bollenrath, Technische Hochschule Aachen,
Zur Entwicklung warmfester Werkstoffe
Dr. Heinrich Kaiser, Staatl. Materialprüfungsamt Dortmund,
Stand spektralanalytischer Prüfverfahren und Folgerung für deutsche Verhältnisse

Heft 10:
Prof. Dr. Hans Braun, Universität Bonn,
Möglichkeiten und Grenzen der Resistenzzüchtung
Prof. Dr.-Ing. Carl Heinrich Dencker, Universität Bonn,
Der Weg der Landwirtschaft von der Energieautarkie zur Fremdenergie

Heft 11:
Prof. Dr.-Ing. Herwart Opitz, Technische Hochschule Aachen,
Entwicklungslinien der Fertigungstechnik in der Metallbearbeitung
Prof. Dr.-Ing. Karl Krekeler, Technische Hochschule Aachen,
Stand und Aussichten der schweißtechnischen Fertigungsverfahren

Heft: 12
Dr. Hermann Rathert, Mitglied des Vorstandes der Vereinigten Glanzstoff-Fabriken A.-G., Wuppertal-Elberfeld,
Entwicklung auf dem Gebiet der Chemiefaser-Herstellung
Prof. Dr. Wilhelm Weltzien, Direktor der Textilforschungsanstalt Krefeld,
Rohstoff und Veredlung in der Textilwirtschaft

Heft: 13
Dr.-Ing. e. h. Karl Herz, Chefingenieur im Bundesministerium für das Post- und Fernmeldewesen Frankfurt a. Main,
Die technischen Entwicklungstendenzen im elektrischen Nachrichtenwesen
Ministerialdirektor Dipl.-Ing. Leo Brandt, Düsseldorf,
Navigation und Luftsicherung

Heft 14:
Prof. Dr. Burckhardt Helferich, Universität Bonn,
Stand der Enzymchemie und ihre Bedeutung
Prof. Dr. med. Hugo W. Knipping, Direktor der Med. Universitätsklinik Köln,
Ausschnitt aus der klinischen Carcinomforschung am Beispiel des Lungenkrebses

Heft 15:
Prof. Dr. Abraham Esau, Technische Hochschule Aachen,
Die Bedeutung von Wellenimpulsverfahren in Technik und Natur
Prof. Dr.-Ing. Eugen Flegler, Technische Hochschule Aachen,
Die ferromagnetischen Werkstoffe in der Elektrotechnik und ihre neueste Entwicklung

Heft 16:
Prof. Dr. rer. pol. Rudolf Seyffert, Universität Köln,
Die Problematik der Distribution
Prof. Dr. rer. pol. Theodor Beste, Universität Köln,
Der Leistungslohn

Heft 17:
Prof. Dr.-Ing. Friedrich Seewald, Technische Hochschule Aachen,
Die Flugtechnik und ihre Bedeutung für den allgemeinen technischen Fortschritt
Prof. Dr.-Ing. Edouard Houdremont, Essen,
Art und Organisation der Forschung in einem Industriekonzern

Heft 18:
Prof. Dr. med. Dr. phil. W. Schulemann, Universität Bonn,
Theorie und Praxis pharmakologischer Forschung
Prof. Dr. Wilhelm Groth, Direktor des Physikalisch-Chemischen Instituts, Universität Bonn,
Technische Verfahren zur Isotopentrennung

Heft 19:
Dipl.-Ing. Kurt Traenckner, Stellvertr. Vorstandsmitglied der Ruhrgas-A.G., Essen,
Entwicklungstendenzen der Gaserzeugung

Heft 21:
Prof. Dr. phil. Robert Schwarz, Aachen,
Wesen und Bedeutung der Silicium-Chemie
Prof. Dr. Kurt Alder, Universität Köln,
Fortschritte in der Synthese von Kohlenstoffverbindungen

Heft 21 a
Jahresfeier der Arbeitsgemeinschaft für Forschung des Landes Nordrhein-Westfalen am 21. 5. 1952 in Düsseldorf mit Ansprachen des Herrn Bundespräsidenten Professor Dr. Theodor Heuss, des Herrn Ministerpräsidenten Arnold, Frau Kultusminister Teusch, der Herren Professor Dr. Hahn, Professor Dr. Strugger, Vizepräsident Dobbert, Professor Dr. Richter, Professor Dr. Fucks.

Heft 22:
Prof. Dr. Johannes von Allesch, Universität Göttingen,
Die Bedeutung der Psychologie im öffentlichen Leben
Prof. Dr. med. Otto Graf, Max-Planck-Institut für Arbeitsphysiologie, Dortmund,
Triebfedern menschlicher Leistung

Heft 23:
Prof. Dr. phil. Dr. jur. h. c. Bruno Kuske, Universität Köln,
Probleme der Raumforschung
Prof. Dr. Dr.-Ing. e. h. Prager,
Städtebau und Landesplanung

Heft 23 a:
M. Zvegintzov, Wissenschaftliche Forschung und die Auswertung ihrer Ergebnisse. Ziel und Tätigkeit der National Research Development Corporation

Dr. Alexander King, Department of Scientific & Industrial Research, London,
Wissenschaft und internationale Beziehungen

Heft 24:
Prof. Dr. Rolf Danneel, Universität Bonn,
Über die Wirkungsweise der Erbfaktoren
Prof. Dr. K. Herzog, Medizinische Akademie Düsseldorf,
Bewegungsbedarf der menschlichen Gliedmaßengelenke bei der Berufsarbeit

Heft 25:
Prof. Dr. O. Haxel, Heidelberg,
Energiegewinnung aus Kernprozessen
Dr. Dr. Max Wolf, Düsseldorf,
Gegenwartsprobleme der energiewirtschaftlichen Forschung

Heft 26:
Prof. Dr. Friedrich Becker, Universität Bonn,
Ultrakurzwellen aus dem Weltraum, ein neues Forschungsgebiet der Astronomie
Dozent Dr. H. Straßl, Bonn,
Bemerkenswerte Doppelsterne und das Problem der Sternentwicklung

Heft 27:
Prof. Dr. Heinrich Behnke, Universität Münster,
Der Strukturwandel der Mathematik in der ersten Hälfte des 20. Jahrhunderts
Prof. Dr. E. Sperner, Bonn,
Eine mathematische Analyse der Luftdruckverteilungen in großen Gebieten

Heft 28:
Prof. Dr. O. Niemczyk, Aachen,
Die Problematik gebirgsmechanischer Vorgänge im Steinkohlenbergbau
Prof. Dr. W. Ahrens, Krefeld,
Die Bedeutung geologischer Forschung für die Wirtschaft, besonders in Nordrhein-Westfalen

Heft 29:
Prof. Dr. B. Rensch, Münster,
Das Problem der Residuen bei Lernleistungen
Prof. Dr. H. Fink, Köln,
Über Leberschäden bei der Bestimmung des biologischen Wertes verschiedener Eiweiße von Mikroorganismen

Heft 30:
Prof. Dr.-Ing. F. Seewald, Aachen,
Forschungen auf dem Gebiete der Aerodynamik
Prof. Dr.-Ing. K. Leist, Aachen,
Forschungen in der Gasturbinentechnik

Heft 31:
Direktor Dr. F. Mietzsch, Wuppertal,
Chemie und wirtschaftliche Bedeutung der Sulfonamide
Prof. Dr. G. Domagk, Wuppertal,
Die experimentellen Grundlagen der Chemotherapie der bakteriellen Infektionen

Heft 32:
Prof. Dr. Hans Braun, Universität Bonn,
Die Verschleppung von Pflanzenkrankheiten und -schädlingen über die Welt
Prof. Dr. Wilhelm Rudorf, Max-Planck-Institut für Züchtungsforschung, Voldagsen,
Der Beitrag von Genetik und Züchtung zur Bekämpfung von Viruskrankheiten der Nutzpflanzen

Heft 33:
Prof. Dr.-Ing. V. Aschoff, Aachen,
Probleme der elektroakustischen Einkanalübertragung
Prof. Dr.-Ing. H. Döring, Aachen,
Erzeugung und Verstärkung von Mikrowellen

Heft 34:
Geheimrat Prof. Dr. Rudolf Schenck, Aachen,
Bedingungen und Gang der Kohlenhydratsynthese im Licht
Prof. Dr. Emil Lehnartz, Universität Münster,
Die Endstufen des Stoffabbaus im Organismus

Heft 35:
Prof. Dr.-Ing. H. Schenk, Aachen,
Gegenwartsprobleme der Eisenindustrie in Deutschland
Prof. Dr.-Ing. E. Piwowarsky, Aachen,
Gelöste und ungelöste Probleme des Gießereiwesens

Geisteswissenschaften

Heft 1:
Prof. Dr. W. Richter, Bonn,
Die Bedeutung der Geisteswissenschaften für die Bildung unserer Zeit
Prof. Dr. J. Ritter, Münster,
Die aristotelische Lehre vom Ursprung und Sinn der Theorie

Heft 2:
Prof. Dr. J. Kroll, Köln,
Elysium
Prof. Dr. G. Jachmann, Köln,
Die vierte Ekloge Vergils

Heft 3:
Prof. Dr. H. E. Stier, Münster,
Die klassische Demokratie

Heft 4:
Prof. Dr. W. Caskel, Köln,
Lihjan und Lihjanisch. Sprache und Kultur eines frügarabischen Königreiches

Heft 5:
Prof. Dr. Th. Ohm, Münster,
Stammesreligionen im südlichen Tanganyika-Territorium. — Religionswissenschaftliche Ergebnisse meiner Ostafrikareise 1951

Heft 6:
Prälat Prof. Dr. G. Schreiber, Münster,
Deutsche Wissenschaftspolitik von Bismarck bis zum Atomphysiker Otto Hahn

Heft 7:
Prof. Dr. W. Holtzmann, Bonn,
Das mittelalterliche Imperium und die werdenden Nationen

Heft 8:
Prof. Dr. W. Caskel, Köln,
Die Bedeutung der Beduinen in der Geschichte der Araber

Heft 9:
Prälat Prof. Dr. G. Schreiber, Münster,
Iroschottische und angelsächsische Kultureinflüsse im Mittelalter

Heft 10:
Prof. Dr. P. Rassow, Köln,
Forschungen zur Reichsidee im 16. und 17. Jahrhundert

Heft 11:
Prof. Dr. H. E. Stier, Münster,
Roms Aufstieg zur Weltherrschaft

Heft 12:
Prof. Dr. D. K. H. Rengstorf, Münster,
Zum Problem der Gleichberechtigung zwischen Mann und Frau auf dem Boden des Urchristentums
Prof. Dr. H. Conrad, Bonn,
Grundprobleme einer Reform des Familienrechts

Heft 13:
Professor Dr. Max Braubach, Bonn,
Der Weg zum 20. Juli 1944 — Ein Forschungsbericht

Heft 14:
Prof. Dr. Paul Hübinger, Münster
Das deutsch-französische Verhältnis und seine mittelalterlichen Grundlagen

Heft 15:
Prof. Dr. Franz Steinbach, Bonn,
Der geschichtliche Weg des wirtschaftenden Menschen in die soziale Freiheit und politische Verantwortung

Heft 16:
Prof. Dr. Josef Koch, Köln,
Die Ars coniecturalis des Nikolaus von Cues

Heft 17:
Dr. James B. Conant,
U.S.-Hochkommissar für Deutschland, Staatsbürger und Wissenschaftler
Prof. Dr. D. Karl Heinrich Rengstorf, Münster,
Antike und Christentum

Heft 18:
Prof. Dr. Richard Alewyn, Köln,
Klopstocks Publikum

Heft 19:
Prof. Dr. Fritz Schalk, Köln,
Das Lächerliche in der französischen Literatur des Ancien Régime

Heft 20:
Prof. Dr. Ludwig Raiser, Bad Godesberg,
Präsident der Deutschen Forschungsgemeinschaft
Rechtsfragen der Mitbestimmung

Heft 21:
Prof. D. Martin Noth, Bonn,
Das Geschichtsverständnis der alttestamentlichen Apokalyptik

MIX
Papier aus verantwortungsvollen Quellen
Paper from responsible sources
FSC® C105338

If you have any concerns about our products,
you can contact us on
ProductSafety@springernature.com

In case Publisher is established outside the EU,
the EU authorized representative is:
**Springer Nature Customer Service Center GmbH
Europaplatz 3, 69115 Heidelberg, Germany**

Printed by Libri Plureos GmbH
in Hamburg, Germany